U0350787

森林报

春夏

【苏联】维塔利·瓦连京诺维奇·比安基／著

艾绘荣　贺俞博雅／译

江苏凤凰文艺出版社
JIANGSU PHOENIX LITERATURE AND
ART PUBLISHING, LTD

图书在版编目（CIP）数据

森林报. 春夏 / （苏）维塔利·瓦连京诺维奇·比安
基著；艾绘荣，贺俞博雅译. — 南京：江苏凤凰文艺
出版社，2017.11
ISBN 978-7-5594-1294-2

Ⅰ.①森… Ⅱ.①维… ②艾… ③贺… Ⅲ.①森林 – 少年读物
Ⅳ.① S7–49

中国版本图书馆 CIP 数据核字（2017）第 252571 号

书　　名	森林报·春夏	
著　　者	（苏）维塔利·瓦连京诺维奇·比安基	
译　　者	艾绘荣　贺俞博雅	
责任编辑	邹晓燕　黄孝阳	
出版发行	江苏凤凰文艺出版社	
出版社地址	南京市中央路 165 号，邮编：210009	
出版社网址	http://www.jswenyi.com	
印　　刷	三河市华东印刷有限公司	
开　　本	880×1230 毫米　1/32	
印　　张	7.875	
字　　数	185 千字	
版　　次	2017 年 11 月第 1 版　2020 年 1 月第 2 次印刷	
标准书号	ISBN 978-7-5594-1294-2	
定　　价	26.00 元	

（江苏凤凰文艺版图书凡印刷、装订错误可随时向承印厂调换）

CONTENTS

春·第一期

冬眠苏醒之月
3 月 21 日—4 月 20 日
太阳落入白羊座

一年是一部分成十二个月的太阳诗篇

新年快乐!

3月21日是春分日,昼夜等长:半天白昼,半天黑夜。因为春天来了,森林里会在这一天庆祝新年。

我们民间有种说法:三月到,天气暖,积雪化。太阳开始抹去冬天的痕迹。积雪变得又松又软,上面满是蜂窝状的小孔,颜色也变得灰扑扑,它已经完全失去冬天的模样,面目全非喽!看颜色就知道,冬天已经远去了。屋檐上挂着的冰锥泛着银光,融水顺流而下——一滴,两滴……逐渐汇成一处处水洼。街上的麻雀在水洼子里快乐地扑腾着翅膀,洗去冬天留下的满身烟尘。花园里传来山雀铃铛般快乐的歌声。

春天乘着太阳的翅膀朝我们飞来。她有自己的一套严格的工作顺序,第一件事便是融化积雪,解放大地。河水还在冰下沉睡,积雪覆盖下的森林也没有苏醒。

按照俄罗斯古老的传统,3月21日早晨要烤"云雀"白面包,面包被捏成小鸟的样子,前面捏上尖尖的嘴,再摁上两颗葡萄干作眼睛。我们这一天还要放生善鸣的鸟儿。按照我们的新风俗,鸟儿之月便从今天开始了。孩子们这个月会格外照顾这些长着翅膀的小家伙们,会在树上搭建很多鸟巢——有做给椋鸟的,有做给山雀的,还有的直接做成树洞式;他们用灌木枝编成鸟巢,还会为这些可爱的客人们准备免费的食物;此外,孩子们还会在学校和俱乐部里做报告,向人们讲解鸟类如何保护我们的森林、田野、花园和菜地,告诉人们应该怎样保护鸟类，让他们知道如何欢迎这些长着翅膀的快乐歌唱家。

三月里，小鸡出门就能喝到水了①。

---

① 俄罗斯俗语，形容春天回暖，到处都有冰雪融化后的水洼。

来自森林的第一封电报

白嘴鸦打开了春天的大门

白嘴鸦打开了春天的大门，冰雪融化的地方总会见到它们成群结队的身影。

白嘴鸦每年都在我国南方越冬。但是春天一到，它们便急匆匆赶回我们北方——它们的故乡。它们沿途不止一次碰上严酷的暴风雪，数十数百的鸟儿精疲力竭，死在了半途中。

强壮的鸟儿最先飞到。它们现在正在休息，昂首挺胸地在路上踱来踱去，用坚硬的喙啄泥巴玩。

布满天空的厚重乌云随风飘走了。湛蓝的天空上飘浮着团团白云，就如同那堆积起来的巨大雪堆一般。第一批野兽宝宝也来到了世上。驼鹿和狍子都长出了新的犄角。黄雀、山雀和戴菊莺也在森林里唱起了歌。我们还在等待着椋鸟和云雀的到来。我们在一棵连根掘起的云杉树根下面找到了一个熊窝，现在正轮流守着，准备等熊出来时再报道。融化的雪水正悄悄在冰下汇集成涓流。树上的积雪正慢慢消融，森林里到处都在滴水。而夜晚的寒冷又会将这些水重新冻结成冰。

森林要闻

第一颗蛋

在所有的鸟中，雌乌鸦是最早产蛋的。乌鸦的巢建在高高的云杉树上，被厚厚的雪掩盖着。为了不让蛋结冰、不让巢中的雏鸟冻僵，乌鸦妈妈从不离巢。乌鸦爸爸出去觅食，将食物带给乌鸦妈妈。

雪地里吃奶的宝宝

田野里还有积雪，兔妈妈却已经产下了兔宝宝。

兔宝宝一生下来就能睁眼看东西，身上还裹着温暖的皮毛。它们一落地就会跑。兔宝宝在兔妈妈的怀中吃完奶后，便会四散跑开，有的躲进了灌木丛，有的藏进了小草丘。它们乖乖躺着，即使兔妈妈离开了，它们也不会吱吱乱叫或者到处顽皮。

一天天过去了。兔妈妈在田野里四处奔跑着，早已经将自己的孩子忘诸脑后。而兔宝宝们还在躺着，它们还不能跑出去，否则会被老鹰注意到，或者被狐狸从后面袭击。

你看，终于有只雌兔子从旁边跑过。不，那不是妈妈，而是某位兔阿姨。兔宝宝跑过去相求道：喂喂我们吧！还能怎么办呢？吃吧！这位兔阿姨喂饱兔宝宝后，就离开了。

兔宝宝们又回到灌木丛里躺着去了。而此时，它们的妈妈正在某个地方喂着其他的兔宝宝呢。

原来，兔妈妈们都说好了，所有的兔宝宝都是大家共同的孩子。兔妈妈不论在哪里遇到兔宝宝，都要喂饱它们。不管是不是自己的孩子，都一样对待。

你是不是认为兔宝宝像无家可归的孩子，没办法生活呢？事实却完全相反！它们都穿着皮袄，暖和着呢。兔妈妈的奶水又是如此甘甜，如此浓稠，兔宝宝吃上一顿，就好几天都不用再吃东西了。

到第八九天的时候，兔宝宝就可以自己啃草吃了。

最早开放的花

第一批花已经开放了，但你在地上还看不到它们的倩影，因为大地还被积雪覆盖着。森林里只有在边缘地带才能听到潺潺的水声。沟渠里积满了水。你看，在棕褐色的春水上方，榛树的嫩枝条上已经开出了第一批花。柔韧的灰色尾部倒挂在树枝上，在植物学上被称为柔荑花序，但其外形跟柔荑花序又有所不同。你摇一下它的尾部，便有花粉纷纷落下。

不过还有奇怪的地方：榛树的很多枝头上还有另外一种花。这些花三三两两聚在一起，可以把它们看作蓓蕾，只是每个蓓蕾的顶端都有一对亮粉色的"舌头"，这是花柱，它们会捕捉从其他榛树丛里随风飞扬过来的花粉。

风无拘无束地拂过光秃秃的树枝，树枝上没有叶子，风便毫无阻碍地吹动花序的尾部，传播花粉。

榛树花不断萎谢，花序也脱离了树干。长相奇特的蓓蕾上面，粉色的花柱也开始枯萎。不过，每一朵这样的花最终都会变成一颗榛子。

春天的妙计

在森林里，猛兽会袭击温顺的动物，一旦看到，就会扑上去将其捉住。

冬天到处是茫茫白雪，要发现白色的野兔和白色的松鸡并不容易。而现在，积雪正在融化，很多地方已经露出了黑油油的土地。狼呀、狐狸呀、老鹰呀、猫头鹰呀，甚至诸如貂和伶鼬这样的小野兽，也能在冰雪融化后的黑色土地上发现白色的兽毛或羽毛。

不过你看，白野兔和白松鸡也变得狡猾起来：它们开始褪毛，新长出来的毛已经是另外一种颜色了。野兔通体变成了灰色，而松鸡褪去了很多白色羽毛，重新长出了棕褐色和赤褐色的羽毛，上面还夹杂着黑色条纹。

现在，狐狸要捉住换了装的野兔和松鸡，就没那么容易了。

有些袭击温顺动物的野兽也不得不开始换装。冬天，伶鼬全身都是白色的，貂也是这样，只有尾部末端是黑色。在雪地上，这两种动物要接近温和的动物很容易，白色对白色嘛。而现在，它们换了毛之后，全身已经变成了灰色。伶鼬浑身是灰的，而貂也变成了灰色，只有尾巴尖儿仍如往常一样是黑色。但它们身上的黑点不论冬天还是夏天都不会带来什么危害，要知道，雪地上也有黑点——要么是垃圾，要么是小枯枝，而在地面和草地上，这些东西更是要多少有多少。

冬天的客人准备启程了

在我们州的道路上经常会有成群结队的白色小鸟，它们的样子很像黄鹂。这是我们冬天的客人，我们称之为雪鹀。

它们的故乡在我国冻土带，在北冰洋的岛屿和海岸上。

那里的土地还要很长一段时间才会解冻。

雪崩

森林里开始了可怕的雪崩。

在一棵高大云杉的枝桠上有个温暖的窝，松鼠妈妈正在里面睡觉。

忽然，一团沉重的雪球径直砸到窝顶上，松鼠妈妈立即窜了出来，可它刚刚产下的松鼠宝宝还留在窝里，十分无助。

松鼠妈妈立刻开始刨雪。幸好，雪团只是压在了由粗树枝搭成的窝顶上。圆形的窝里铺满了温暖柔软的地衣，没有被压坏。

睡在里面的松鼠宝宝甚至没被吓醒。它们还很小，就像小老鼠一般，浑身光秃秃的，眼睛也没睁开，对外面的世界还全无认知。

潮湿的住所

积雪不断融化，住在地下的林中居民却遭殃了。像鼹鼠、鼩鼱、老鼠、田鼠、狐狸等小动物和野兽都是住在地下，现在被湿漉漉的窖屋弄得苦不堪言。到全部积雪都消融成水的时候，它们该怎么办啊！

神秘的小茸毛

沼泽里的雪融化了，里面的土丘之间全是水。土丘下面还有一些光滑的绿色茎秆，上面银白色的小穗子正随风摇曳。这难道是秋天没来得及被风吹走的种子？难道它们被雪埋了整整一个冬天？不可能，你看它们多么干净、多么新鲜啊！

倘若你掐一根这样的小穗子，拨开上面的茸毛，谜底一下子解开了，原来是花。在丝绸般白色的茸毛之间，能看到黄色的雄蕊和丝线般的花柱。

这是羊胡子草在开花。那些茸毛是为了给花保暖，因为夜里还很冷。

在四季常青的森林里

常青植物不仅仅只生长在热带或地中海地区，我国北方也有四季常青的森林，里面还有常青灌木。现在，在新年的第一个月里，走进这样的森林会让你心情愉快，因为这里没有腐烂发黄的叶子，更没有令人厌烦的枯草。

即使站在远处，你的目光也会被那些毛茸茸的灰绿色小松树吸引。站在它们中间是多么有趣啊！一切都是那么生机勃勃：这里有青色的柔软苔藓，有泛着光泽的越橘丛，还有优雅的帚石楠，在它细柔的茎上长着十分小巧的叶子，层层叠叠如同瓦片一般，上面还有去年开放的淡紫色小花。

沼泽边缘还生长着另外一种常绿灌木——青姬木①。这种植物的叶子呈深绿色，边缘翻卷，背面是白色——这也是它名字的由来②。然而，不管是谁站在这棵灌木旁，目光都不会长时间停留在它的叶子上，而会立即被更有趣的东西吸引，那就是它的花！粉色的小花看上去如同铃铛一般，跟越橘花有些相像。在这样早的时节能在森林里找到花，不可谓不是个惊喜。如果你采一束拿在手里，任谁也不相信这些花是长在野外，而不是在温室里培育的。

这是因为，很少有人会在早春去常青森林里散步。

鸢鹰和白嘴鸦

"哔——哔！呱——呱——呱！"好像有什么东西从我头顶掠过。我转过身去，看到五只白嘴鸦正在追赶一只鸢鹰。鸢鹰四处闪避，

---

① 一种小灌木，通常被称为沼泽迷迭香、小石南。
② 俄文为 подбел，直译为背面白色。

却还是被白嘴鸦追上了。白嘴鸦一直啄它的头，鹞鹰疼得吱吱叫。鹞鹰最后终于挣脱出来，飞走了。

　　我站在高高的山上，视野开阔。我看到，鹞鹰飞到一棵树上，惊魂甫定，忽然不知从哪里窜出一大群白嘴鸦，径直朝它飞去。鹞鹰现在的处境可算得上是穷途末路。它带着凄厉的尖叫声飞向其中一只白嘴鸦，这只白嘴鸦害怕了，立刻闪到一边，鹞鹰没了阻拦，趁机灵敏一窜，飞向了高空。白嘴鸦失去了猎物，也在田野上空四散开来，各奔东西了。

K. 梅什利亚耶夫

来自森林的第二封电报

（由我们的特派记者发出）

从洞里爬出一只獾

椋鸟和云雀飞来了，唱起了歌。

我们在熊窝旁等熊出来已经等得不耐烦了，担心它在里面是不是已经被冻僵了。

忽然，雪开始动了起来。

但从雪里爬出的却不是熊，而是一种从未见过的野兽，高度跟一只体型稍大的小猪差不多，浑身绒毛，肚子是黑色的，白色的脑袋上还长着两条深色的条纹。

原来，我们守候的不是熊窝，而是獾的窝，从里面爬出来的是只獾。

现在它不用再躲在雪里了。一到晚上，它就出来寻食蜗牛、幼虫、甲虫。此外，它也吃根茎类植物，还会抓捕老鼠。

我们开始在整个森林里寻找熊窝，最终找到了一个，这次是真的。

熊还在冬眠。

水已经漫到了冰上。森林里传来了松鸡的叫声和啄木鸟咚咚啄树的声音。

白鹡鸰也飞来了。

可滑雪橇的雪路也融化了，集体农庄员都把雪橇换成了四轮大车。

城市新闻

屋顶音乐会

猫咪每天晚上都在屋顶上举办音乐会。它们非常喜欢这样的音乐会。不过，每场音乐会都以"音乐家"们的激烈殴斗结束。

走访阁楼记

《森林报》的工作人员最近走访了市中心的很多民房，想了解一下阁楼居民的生活条件。

小鸟们栖息在阁楼上的角落里，对自己的住所非常满意。谁要觉得冷，可以往炉子的烟囱边上靠靠，享受一下免费的取暖设备。鸽子已经开始孵蛋了，麻雀和寒鸦还在全城奔走，寻找稻草来搭建鸟巢，寻找绒毛和羽毛来铺一层柔软的垫子。

唯一让鸟儿们感到不满的是猫咪和孩童，他们常常干捣毁鸟巢的坏事。

慌乱的麻雀

椋鸟巢旁边传来嘶叫声、打斗声，到处都是飞扬的绒毛、稻草、羽毛。

原来是鸟巢的主人——椋鸟——回来了。椋鸟将占了它们巢的麻雀赶了出去，连麻雀带来的羽毛垫子也一并丢了出去，彻底清除了麻雀在这里留下的气息！

有位粉刷工正站在梯子上糊屋顶上的裂缝。屋顶边缘有只麻雀在蹦来蹦去，它用一只眼睛往房檐下一瞥，立即尖叫着径直朝粉刷工的脸扑了过去。粉刷工挥舞铲子把麻雀赶到一边。他没想到，自己糊的裂缝里有个麻雀的窝，窝里还有麻雀下的蛋呢。

周围一片嘶叫声、打斗声，到处都是飞扬的绒毛、羽毛。

森林记者　斯拉特科夫

昏昏欲睡的苍蝇

街上开始出现绿豆蝇。它们浑身蓝绿色，泛着光亮的金属色泽。

它们全都昏昏欲睡，一副秋天才有的样子。它们还没有开始到处飞，只是沿着墙壁四处爬行，细小的腿支撑的身体还有些踉踉跄跄。

这些苍蝇一整个白天都在晒太阳，晚上又会爬回墙壁或篱笆的缝隙和孔洞里。

苍蝇，请小心四处爬行的杀手！

列宁格勒的街上出现了苍蝇虎。

俗话说狼是靠腿吃饭的①。这句话放在苍蝇虎身上也适合。它袭击苍蝇和其他昆虫时，并不像鬼蛛那样吐丝编织结构复杂的网，而是一跃而起，直接扑上去。

石蛾

从河流冰缝中的水里爬出来一种笨头笨脑的灰色幼虫。它们爬上岸，褪去外壳，变成了一只只体态匀称的灰色昆虫，还都长着翅膀。不过这既不是苍蝇，也不是蝴蝶，而是石蛾。

---

① 俄罗斯俗语，意指要想达成某种目的，不能守株待兔，必须动身寻找、身体力行。

它们的翅膀纤长轻盈，却还不能飞行，因为它们还很虚弱，需要阳光的照射。

它们步行穿过板石路时，可能会被行人踩到，也可能被马蹄踏到，还可能被车轮碾压，甚至会被麻雀啄食。不过它们全都前赴后继地向前走，它们的队伍里可有成千上万只呢。

那些成功穿过道路的石蛾会爬到房子的墙壁上晒太阳。

列斯诺伊观测记

由著名自然学家凯戈罗多夫[①]教授在列斯诺伊发起的物候学[②]观测已经连续进行八十年了。

现在，苏联的物候学观测由专门的凯戈罗多夫委员会主持，该委员会附属于苏联地理学会[③]。各地把当地物候学爱好者的报告发给委员会。他们多年来一直记录着关于鸟类迁徙、花开花谢、昆虫出没的信息，现在可以编成一部《自然通历》了。这本通历有助于预测和确定不同农业活动的期限。

列斯诺伊现在建了一个全国物候学总站。像这样观测历史超过五十年的物候学站点，全世界只有三个。

[①] 德米特里·尼基佛罗维奇·凯戈罗多夫（1846—1924）：俄罗斯林学家、鸟类学专家、自然科学教育者、俄罗斯物候学之父。

[②] 物候学：研究自然季节变化的科学。——原注

[③] 现名俄罗斯地理学会，是全球最古老的地理学会之一，于1845年8月6日在圣彼得堡成立，当时名为俄罗斯帝国地理学会，此名称一直沿用至1917年。1926年更名为国家地理学会，1938年更名为苏联地理学会，1991年苏联解体后称为俄罗斯地理学会。

请给鸟儿们建个房子吧

谁想让椋鸟住进自己的花园，就赶紧给它们准备个房子吧。准备的房子必须干干净净，上面留的入口要小，椋鸟可以爬进去，猫儿却钻不进去。

为防止猫爪子够到椋鸟，还必须在入口的内侧钉上一个三角形木板。

蚊子的舞蹈

在阳光明媚的温暖日子里，已经能看到跳舞的蚊子了。

不过不用害怕它们：这种蚊子不咬人，只是一些舞蚊而已。

它们汇集成轻盈的一群，一个接一个地环绕空中，飞舞着、旋转着。舞蚊聚集多了，空气中全是密密麻麻的小黑点，就像人脸上的雀斑一样。

第一批蝴蝶

蝴蝶都出来透风，顺便让太阳晒晒自己的翅膀。

最早出现的是在阁楼上过冬的黑褐色带有红斑点的荨麻蛱蝶和浅黄色的钩粉蝶。

公园之景

公园和花园里，苍头燕雀正在歌唱。长着蓝色脑袋的是雄苍头燕雀。它们成群结队盘绕空中，等待着总是姗姗来迟的雌苍头燕雀。

新造之林

全苏造林大会召开了。林务区长、林业专家、农学家汇集一堂。

列宁格勒居民也参加了大会。

我国草原地区进行科学研究、开展人工造林已有一百多年的历史了。人们挑选了三百种树木、灌木来种植，针对不同的草原环境选取了最为合适的品种。例如，橡树与树锦鸡儿、忍冬等灌木混合栽种，最适合顿涅茨克草原。

我们工厂制造了一种新机器，可以在很短的时间内种下大面积的树苗。我们造的林已经达到了几十万公顷。

未来几年内，全国还应该造几百万公顷的森林。它们有助于提高我们农田的作物产量。

列宁格勒塔斯社

春之花

花园、公园和院子里，黄色的款冬花已经盛开。

有人正在街上售卖第一批春之花。这些花都是他们从森林里采摘的。卖花的人将其称作"雪下紫罗兰"，不过这种花不管是外形，还是香味，都与紫罗兰不是很像。它们其实叫"蓝色獐耳细辛"。

树木苏醒了，白桦树也开始分泌桦树汁①了。

谁会游到水坝来

在列斯诺伊的公园里，春天的小溪奔流而下。我们的森林记者在一条小河上用石头和泥土修建了一个水坝，开始等待，看看谁会游过来。

过了好久也没什么游来，只漂来了一些在水里打转的枯木碎枝。

过来一会儿，从河底冲上来一只死老鼠。不过这可不是普通的

---

① 俄罗斯人将桦树汁看作天然饮料，认为喝桦树汁对健康十分有益。

家鼠，因为它不是全身灰色的，也没有长长的尾巴；而是红棕色的，尾巴很短，原来是只田鼠。这只田鼠可能是死后被雪埋了一冬天。现在雪化成了水，这只死去的老鼠也随着溪水顺流而下。

然后有只黑色甲虫被冲到了水坝。它不断地挣扎打转，却无法从水里爬出来。大家最初以为是只水甲虫，但从水里拿出来一看，原来是只陆生的蜣螂。看来，它已经从冬眠中苏醒过来了。那它怎么掉进了河里？肯定不是故意的。

后来，记者看到一个小家伙在用长长的后腿一蹬一蹬向前游——直接游到了水坝——你猜是什么？原来是只青蛙！

周围还都是雪呢，青蛙就出来了。

它纵身一跃，跳上了水坝；再一跳，落进了灌木丛。

最后游来了一只小野兽，棕褐色，很像家鼠，只是尾巴略短。原来是只水老鼠。

它冬天储备了很多粮食。现在春天到了，粮食都吃完了，又得出来觅食啦。

款冬

小山丘上早就长出了一小撮一小撮的款冬梗。每一个根梗都是个小家庭。较为年长的梗体态匀称，头抬得高高的，那些个短短粗粗看着有些笨拙的弟弟妹妹则紧紧依偎着它们。

还有一些看起来有些可笑，驼着背、低着头，好像有些腼腆和胆怯，不敢看白色的光。

每一个小家庭都是从地下的根茎长出来的。根茎从秋天就开始储备养分。现在，养分正慢慢被消耗掉，不过足够整个花期用了。花蕾很快就会变成黄色放射状的花朵，确切点儿说，不是花朵，而是花序，是一束紧紧依偎的小花。

当这些小花枯萎时，便会有叶子从根茎里发出来，担负起为根茎补充新养分的职责。

巴甫洛娃

天空传来的喇叭声

令列宁格勒居民感到惊奇的是，空中竟然传来了喇叭声。清晨，天空刚显露曙光，整个城市还未从沉睡中醒来，路上也未响起轰轰声。正因为如此，天空中的喇叭声听得格外清晰。

谁要是眼神好，抬头仔细看看，会发现在云层的正下方有几群白色的大鸟，都伸着又长又直的脖子。

这是野天鹅，也叫大天鹅，它们正忙着赶路呢。

每年春天，它们都会在我们城市上空盘旋，发出喇叭般的叫声："克噜噜—噜噜！克噜噜—噜噜！"但在路上拥挤人群的吵闹声和车鸣声中，我们几乎听不到它们的叫声。

现在，天鹅正赶着去筑巢，不是去阿尔汉格尔斯克州的科拉半岛，就是去北德维纳河岸。

爱鸟节活动入场券

我们正在等待鸟儿朋友的到来。民兵团大队给每个少先队员分配了一项任务——搭椋鸟巢。

我们所有人都立即开始动手做。我们有个木工厂。那些不会做椋鸟巢的可以在我们的木工厂里学习。

我们在学校的花园里安了很多鸟巢。小鸟栖息在这里，可以保护苹果树、梨树和樱桃树不受有害毛虫和甲虫的侵害。学校将要庆祝爱鸟节，每个少年队员都要带个椋鸟笼来。我们已经说好了，椋鸟笼是我们参加爱鸟节活动的入场券。

森林记者　瓦洛嘉·诺维　尤金·科里亚金

来自森林的第三封加急电报

（由我们的特派记者发出）

熊出洞了

我们在树上轮流守候熊窝。

忽然，树下有东西把雪拱起来，露出了一只野兽的黑色头颅。

这是熊妈妈爬出来了。她身后还跟着两只熊宝宝。

我们看到，它张开大嘴打了个幸福的哈欠，接着走进了森林。熊宝宝连蹦带跳地跟在妈妈身后。我们只来得及看到熊妈妈瘦了很多，身上的毛变得稀稀落落。

现在它要在森林里四处逛逛。经过那么长时间的冬眠，它已经非常饥饿了，看到什么就吃什么：不管是树根，还是去年的草和浆果，在这种情形下，连小兔子也不放过。

发大水了

冬天的势头已经消失得无影无踪。云雀和椋鸟唱起了歌。

流水冲破了冰封的河道，溢出了河岸，涌向了宽阔的田野。

田野里好像发生了火灾——原来是太阳烤得雪都快燃烧起来了。嫩芽也在积雪下面露出了小脑袋。

在发春汛的地方出现了第一批野鸭和鹅。

我们看到了第一只蜥蜴。它从树皮底下钻出来，爬上了树桩。这是要晒晒太阳，让自己暖和一点。

每天发生的事情数不胜数，我们根本来不及全部记下来。

与城市的通讯中断了。发大水了。

关于洪水导致的伤亡情况，我们将通过小鸟信使发到下期《森林报》上。

集体农庄新闻

流水被截

融化的冰雪水还未得到任何人的许可，就想从田野跑到水沟里。

集体农庄庄员及时阻断了想逃跑的流水。他们用厚厚的积雪沿斜坡堆了一道路障。

水被留在田里，开始慢慢渗入土地。

田野里的绿色居民已经感觉到水正慢慢靠近它们嫩小的根系，都变得兴奋起来。

一百个新生儿

今天夜里，"突击手"国营农场猪舍的值班员正在为母猪接生。所有的小猪仔都肥肥胖胖、健健康康，嘴里还吱吱叫着。九位幸福的年轻妈妈每个小时都不耐烦地等待着，等值班员将那些翘着鼻子、摇着尾巴的粉色猪宝宝带到它们面前喂奶。

搬进暖和的新房子

土豆从寒冷的仓库搬家了。

它们对这次搬家非常满意，准备发芽了。

绿色新闻

商店里有新鲜的黄瓜出售了。不过并不是蜜蜂给它们的花授的粉。也不是太阳照暖了它们生长的土地。

黄瓜还是原来的黄瓜：又粗又密实，还鲜嫩多汁，上面密布着小疙瘩。它们散发着普通黄瓜的香味，虽然是在温室里培育的。

帮助挨饿的朋友

积雪消融了，漫山遍野都是瘦弱的绿色小草。土地还没解冻，地里的根还长不出任何东西。你看，那些不幸的小草也在挨饿。

不过，集体农庄庄员非常珍惜这些小草，因为这些细弱的小草也是越冬的粮食。他们正在为这些小草准备上等的肥料，有灰烬，有鸟禽粪便，还有厩肥和营养肥料。

人们将从"空中食堂"为这些挨饿的小草们播撒"食物"。

农庄的飞机将飞到田野上空，为这个田野播撒"食物"，确保每棵小草都能吃得饱饱的。

林野特辑

狩猎

春天可以打猎的时间很多。如果春天来得早，打猎会被提前。如果春天来得晚，打猎也会被延后。

春猎的主要目标是森林里的小鸟和水鸟。只允许打公鸡和公鸭，不允许带狗。

爱好

猎人白天出城，晚上就能到森林。

天空灰蒙蒙的，没有风，下着毛毛细雨，周围也不冷。这种天气最适合打猎。

猎人选择了林子边缘，在一棵杉树旁站定了。整个森林里的树都不高，有赤杨、桦树和云杉。离太阳落山还有一刻钟，还有时间吸口烟，过会儿就不行了。

猎人站在那里听着，小鸟在森林里唱着各式各样的歌曲。站在杉树尖锐顶端啼啭的是鸫鸟，发出"呲喂哩"叫声的是红胸欧亚鸲。

太阳落山了。鸟儿也一只接一只地停止了歌唱。最后停止歌唱的是鸫鸟和欧亚鸲。

现在注意了，仔细听！寂静的森林上空传来了：

"呲尔呵，呲尔呵！霍罗——罗，霍罗——罗①！"

猎人哆嗦了一下。他把猎枪举到肩上开始屏息静气。这声音是

---

① 此处及以下鸟叫声皆为音译。

从哪里传来的？

"呲尔呵，呲尔呵，霍罗——罗！"

"呲尔呵，呲尔呵！"

那儿有两只！

在森林上空，两只长嘴丘鹬正快速地扇着翅膀。

一只紧随另外一只，没有打架。

这意味着，第一只是公的，第二只是母的。

嘣！后面那只丘鹬像车轮一样旋转着掉进了灌木丛。

猎人像箭一样奔过去——如果受伤的丘鹬钻进了灌木丛，他就甭想找到了。

丘鹬的羽毛颜色跟干枯树叶一样。

看，它正挂在灌木上呢！

另外一只不知从哪儿又发出了呲尔呵、霍罗的声音。

它飞远了，霰弹打不到。

猎人又站到杉树底下，聚精会神地听着。森林里一片寂静。

忽然又传来了：

"呲尔呵，呲尔呵！霍罗——罗，霍罗——罗！"

在那边，在那边，还有些远……

把它引过来？卷个东西，应该可以的吧？

猎人卷了卷自己的帽子，把它抛向了空中。

丘鹬目光敏锐地观察着，在昏暗中寻找雌丘鹬的身影。看到了，有个深色的东西从地上飞起来，它立马冲了下去。

是雌丘鹬吗？

它转了个弯，径直朝猎人飞过去。

嘣！这只丘鹬头朝下栽了下来。金属弹头落地了。打死了。

天越来越昏暗。时不时从某个地方传来呲尔呵、霍罗声，你只需转个身就能看到猎物。

猎人的双手因为激动颤抖起来。

嘣！嘣！——打偏了！

嘣！嘣！——又打偏了！

还是放它走吧，已经放空了两枪，必须平静下来。

已经不抖了。

现在可以了。

从森林漆黑的深处传来了雕鸮的叫声。鸫鸟正半睡半醒，被吓得尖叫了一声。

天已经很黑了，很快就不能再开枪了。

终于又传来：

"呲尔呵，呲尔呵！"

从另外一个方向也传来了：

"呲尔呵，呲尔呵！"

两只丘鹬在猎人正上方相遇了，它们在打架。

嘣——嘣！连中——两只都掉下来了。一只径直掉下来，另外一只像车轮一样旋转着，直接掉到了猎人脚边。

现在是时候了。

趁现在还看得见小路，必须找到鸟儿求偶的地方。

松鸡求偶的地方

猎人坐在森林里，吃了点东西，用小壶喝了点儿水。他不能生火，否则会把猎物吓跑。

黎明即将来临，求偶也开始得很早，要趁天还不亮。

在寂静的夜里，雕鸮叫了两次。

这该死的家伙，会把猎物吓跑的！

东方的天空微微发白，好像从哪儿传来了轻微的歌声——"咋泰克"，原来是松鸡在叫。

猎人跳起来，仔细听着。

还有另外一只在叫，就在不远处，一百五十步左右。第三只……

猎人小心地挪着步，慢慢靠近。他手里握着已经上了膛的猎枪，眼睛紧紧盯着黑漆漆的高大杉树。

你听：泰克声消失了，又传来了咯咯声，松鸡叫了起来。

猎人大步跳起来，一步、两步、三步，忽然，他又一动不动了。

叫声停止了，一片寂静。

松鸡非常警惕，它仔细听着呢。它非常机灵：只要发出轻微的吱吱声，它就嗖地一下，立马展开翅膀飞走，那时就甭想捉住它了！

没听到任何声音。它再次开始叫起来："泰克——泰克！泰克——泰克！"就像两根木头轻轻撞击着。

猎人还站在那里。

松鸡又开始叫唤。

猎人又是一跳。

松鸡短促地叫了一声就不再叫了。

猎人一只脚还停在半空中。松鸡也没了动静，开始倾听周围的情况。

它再次叫起来："泰克——泰克！泰克——泰克！"

这样重复了很多次。

猎人已经走得很近了，他知道这几棵杉树上肯定有只松鸡，而且位置不高，应该在树中间。

它玩得太开心，已经完全晕头晕脑了，现在就算你大叫一声，它也听不见。

只是它的位置在哪儿呢？在漆黑的针叶中间你看不到它。

啊，看到了！原来在这儿！在一根浓密的杉树枝上。位置很近，大约有三十步远。它伸着长长的脖子，头顶上还长着"山羊胡"。

猎人不再发出任何声响，现在不能动……

"泰克——泰克！泰克——泰克！"松鸡又叫了起来。

猎人举起枪。

他瞄准这只头顶长着"山羊胡"、尾巴像宽扇子的禽鸟的轮廓。

子弹如果打到松鸡紧紧收起来的翅膀根本伤害不了它，最好是打脖子。

嘣！

枪的烟挡住了视线，什么都看不到，只听到沉重的松鸡掉了下来，就像浮木一样，"啪"的一声掉到了雪地上。

好一只公鸡！好大的个头，浑身都是灰色的，足足有五公斤！眉毛是红色的，就像流动的鲜血一样……

森林剧院——琴鸡求偶记

在广阔的林中草地上有个剧院。太阳还没升起，不过周围的一切都能看清，因为现在是白夜①。

已经有观众聚集过来看演出，是身上长着花斑的雌琴鸡。有的在地上吃东西，有的规规矩矩地站在树上。

它们正等待演出开始。

这时，有只通身黑色、翅膀上长着白色条纹的雄琴鸡飞到了林中草地的中央，这就是今天表演求偶的主角。

---

① 高纬度地区自然现象，太阳落到地平线下只能达到一个很小的角度。由于大气的散射作用，即使是夜里，天也不会完全黑下来。

它黑色的眼睛如同扣子一般，敏锐地扫了一眼求偶场——草地上除了来当观众的雌琴鸡外，没有其他动物。

那里的灌木丛是怎么回事？好像昨天还没有。这是什么怪事，难道杉树一夜之间都长到一米的高度？是记错了，还是……上了年纪，记性也不好了。

要开始了。

这只求偶的琴鸡再次扫了一眼观众，就把脖子伸到地上，竖起巨大的尾巴，把两只翅膀扑到地上。

嘴里也开始念叨起来。

听起来好像是：

"卖皮袄了，我要买件大衣，我要买件大衣！"

它伸长身子，又看了一眼求偶场，再次喊了起来：

"我要买件大衣，我要买件大衣！"

砰！另外一只雄琴鸡也到了求偶场。

砰！砰！很多琴鸡接连不断地飞过来，坚实有力的双腿落到了地上。

哎，你！雄琴鸡大怒起来。

所有的羽毛都竖了起来。

它把脑袋贴在地上，翘着的尾巴就像扇子一样，嘴里叫着：

"丘夫——费！丘夫——费！"

这是在向其他琴鸡发出挑战：谁要是不心疼自己的羽毛，就放马过来吧！

在求偶场另外一边，雄琴鸡回答道：

"丘夫——费！丘夫——费！我们也是有胆子的，你试试，过来吧！"

"丘夫——费！丘夫——费！"它们有二十个，不，三十个——

简直数不过来!

你随便挑个吧:只只都做好打架的准备了。

雌琴鸡不动声息地坐在树上,看样子好像对表演不感兴趣。这是狡猾的美女在耍花招。这场剧就是为它们准备的。这些长着翼尾、血红眉毛的黑色战士飞到这里来,不就是为了它们吗!

每只雄琴鸡都想在美人面前展示一下自己的勇敢和力量。又笨又弱的懦夫赶紧滚一边去!只有胆大机灵和最勇敢的雄琴鸡才配得上这些美人。

战斗这就开始了……

整个场上都是各种叫声、丘夫费声,雄琴鸡们微微俯下身子,跳跃着向对手奔去。

两只雄琴鸡纠缠起来,互相用嘴啄对方,都直接照脸下嘴。

"丘什——什!"愤怒的叫声阵阵响起。

天逐渐明亮起来。舞台上升起了白夜的透明纱帐。

灌木丛之间还有云杉,求偶场上哪来的云杉啊?还都泛着金属的光芒。

雄琴鸡已经没空理会灌木丛了。

每一只都忙着对付自己的对手。

求偶的主角距离灌木最近。它已经打败了三个竞争对手。还有两只跑了。它不愧是主角,整个森林里再也找不出比它强壮的了。

第三个对手又猛又快。它一跃而起,给了主角一下。

"丘什!"求偶主角发出了凶狠的嘶叫声。

树枝上的美人们都伸长了脖子。这才是表演,这才算真正的战斗!这只是不会逃跑的,无论发生什么都不会逃跑。雄琴鸡再次跳起来,伴随着巨大的声响用翅膀攻击对方,直接在空中厮杀起来。

打了一下,又打了一下,你都分不清谁打了谁。两只琴鸡落地后，朝不同的方向跳开了。年轻的那只，翅膀上的两根大羽毛被折断了，蓝色的羽毛碎片似的支棱着；年老那只，火红的眉毛流着血，眼睛也被啄瞎了一只。

美人们在树枝上不安地跺着脚。谁赢了？难道是年轻的打败了年老的？多么好看的美人啊：紧实的翅膀泛着蓝色，尾巴上长着宽宽的花纹，翅膀上的条纹又是那么迷人！

战斗又开始了：两只琴鸡又跳起来，缠斗到一起。这次是年老的在上面！

又斗到一起了，这次是年轻的跳到了上面！

现在是最后一场战斗。看！

撞到一起，又散开。

跳起来，又打起来。

嘣！森林里传来了射击的声音。从杉树里浮起一阵轻烟。

求偶搏斗顷刻停止。树上的雌琴鸡伸长着脖子，呆立在那儿。雄琴鸡惊惧地抬起红色的眉毛。

发生什么事了？

没什么事，一切都很正常。

也没什么人。

四周一片寂静。杉树上方的烟雾也消散了。其中一只雄琴鸡转过头来，正对着自己的对手，一跃而起，冲着对手的脑门就啄过去。

演出还在继续，两只雄琴鸡还在争斗。

但树枝上的美人看到：年老的雄琴鸡和那位年轻的竞争对手双双躺在地上死了。

真是它们都把对方打死了吗？

演出还在继续，应该把目光放到舞台上。现在哪一对最有意思呢？今天，这些黑色斗士中的哪一只能取得胜利？

太阳已经升到森林上空，演出也散场了。猎人从杉树下藏身的地方走出来，捡起年老的雄琴鸡和它年轻的对手。两只琴鸡都流血了：从头到脚都是铅砂。猎人将其塞到怀里，又从地上捡起另外被他打死的琴鸡，扛起枪，回家去了。

　　穿过森林时，他眼观六路、耳听八方，生怕遇上什么人。他今天干了两件不光彩的事：首先，他在法律禁止打猎的时间打死了求偶场上的琴鸡；其次，他还把求偶的主角打死了。

　　明天，林中草地上不会再有演出了，因为没有求偶主角了。

　　求偶被打断了。

来自全苏联各地的无线电通报

请注意！ 请注意！

《森林报》圣彼得堡编辑部宣布：

今天是 3 月 22 日，春分，我们正在发布全苏联无线电通报。

呼叫北方、南方、东方、西方。

呼叫冻土区、泰加森林、草原、高山、海洋、荒漠。

请你们报告一下自己地区的新闻。

喂！ 喂！ 这里是北极

我们正在举办盛大的庆祝活动，漫长的冬天过后，太阳终于出来了！

第一天还只能从海面上看到它的一个边，就像小小的罂粟果一样，过几分钟就消失不见了。

两天后，太阳已经能升到半腰了。

又过了两天，太阳终于整个地升起来，完全脱离了海平面。

现在，白天还很短。尽管从早上到晚上只有一小时左右，不过没关系。反正光明总要到来，而且明天的白天会更长，后天比明天还长。

水面和地面还覆盖着深深的积雪和厚厚的冰层。北极熊还在冰封的熊窝里冬眠。到处都还看不到一点儿绿色的嫩芽，也没有小鸟。四周十分寒冷，经常有暴风雪。

来自中亚的播报

我们已经种完土豆，现在正在种棉花。我们这里的太阳就像火炉一样烤得厉害，街上到处是尘土。桃树、梨树和苹果树都开花了。扁桃树、杏树、银莲花和风信子的花已经谢了。现在开始种护田林。

在我们这里越冬的乌鸦、寒鸦、白嘴鸦和云雀正往北方飞。要在我们这里过夏天的小鸟也飞来了，有燕子和白肚雨燕。红色的翘鼻麻鸭已经在树洞和湖岸洞穴里孵出小鸭子，离开巢了。它们正在水里游泳呢。

来自远东的播报

狗蛰伏了一冬天，现在醒过来了。

不，不，你没听错：是狗，不是熊，也不是旱獭或者獾。你可能会想，哪里的狗会冬眠呢？我们这里的狗冬天就会冬眠。

我们这里有种特别的狗叫野狗。它比狐狸小，腿也很短。它的皮毛是棕褐色的，又长又浓密，遮得耳朵都看不见了。它跟獾一样，冬天会钻进洞里睡觉。如今从冬眠中醒来，它又开始抓老鼠和鱼了。

它还有另外一个名字，叫浣熊狗，因为它的外貌跟美国一种体型很小的熊——浣熊很像。

南部海岸已经开始抓比目鱼，这是一种身体扁平的鱼。乌苏里边疆区的深林里已经有小老虎出生，它们都能张开眼睛看东西了。

我们每天都在等待海洋里的"过路"鱼①游进我们的河里，在这里产下鱼子。

---

① 即洄游鱼，每年固定时间从海中洄游至河中产卵。

来自西部乌克兰的播报

我们在种小麦。

鹳鸟已经从南非飞回我们这里。我们很希望它们在我们的农舍里筑巢，便在房顶上安了旧车轮，方便它们做窝。

现在，鹳鸟正把揪来的浮木和树枝放在车轮上——它们这是在筑巢。

我们这里的养蜂人开始担忧，因为黄喉蜂虎鸟飞来了。这种姿态优雅、毛色艳丽的小鸟最喜欢啄食蜜蜂。

喂！ 喂！ 这里是冻土区和亚马尔半岛

我们这里还完全是冬天，丝毫未有春天的气息。

驯鹿群寻找苔藓时，还得用蹄子推开积雪或者打破冰层。

再过不久，乌鸦就要飞来了！我们4月7日庆祝"沃尔纳-亚尔节"①，即乌鸦节。我们这里把乌鸦的到来看作是春天的开始，列宁格勒则是以白嘴鸦的飞来为标志。我们这里根本没有白嘴鸦。

来自新西伯利亚原始森林的播报

我们这里的情况跟列宁格勒附近差不多，因为你们也位于泰加森林带上——这种针阔混交林像一条宽腰带一样围绕着我们国家。

我们这里夏天也有白嘴鸦，不过春天开始的标志是寒鸦的到来。冬天，我们这里的寒鸦会飞走；春天，它们是所有鸟类中最早飞回来的。

我们这里的春天十分和煦，不过时间很短。

---

① 当地方言的音译。

来自外贝加尔草原的播报

粗脖子的羚羊和黄羊群正在往南迁徙，要从我们这里去蒙古。

第一次解冻对我们来说是真正的灾难。白天融化的积雪夜晚又会变成冰。平平坦坦的整片草原成了连绵不断的溜冰场。黄羊平整的蹄子走在上面就像走在镜子上一样，四条腿完全站不稳。

羚羊如风的速度是它们保命的唯一利器。

而现在，在初春的冰面上，有多少只羚羊会命丧狼口或被其他野兽吃掉啊！

来自高加索山地的播报

我们这里的春天是从山脚开始，由下往上，逐渐消去冬天的痕迹。

山顶还在下雪，而山脚下的山谷里已经下起了雨。小溪奔流而下，春天的第一次洪水到了。河水不断上涨，冲出了河岸。河水虽然浑浊，却气势十足。它向着大海奔去，走到半道却消失得无影无踪。

山脚下的河谷里，鲜花盛开，树木抽叶。在朝阳温暖的南部山坡上，绿色每天都上升一个高度。

小鸟紧随绿色植物的脚步向山顶飞去。啮齿动物和草食动物也逐天越爬越高。狼、狐狸、野猫，还有人类都害怕的豹，也追捕鹿、兔子、盘羊、山羊向山顶而去。

冬天向山顶退去。春天紧随冬天的脚步，它还带领着一切有生命的东西。

喂！喂！这里是北冰洋

整个北冰洋上都是浮冰，也有整片的冰原，它们向我们漂流而来。冰块上还躺着一只雌海豹。这只海兽全身浅灰色，侧面颜色较深，原来是只格陵兰海豹妈妈。它直接在冰冷的冰块上产下了小海豹。小海豹们都毛茸茸的，全身像雪一样白，只有鼻子和眼睛是黑色的。

这些小海豹还需要很长时间才能下水，它们还不会游泳，只能躺在冰上。

年长的格陵兰雄海豹也爬上了冰，它的脸和侧身都是黑色的。它们要褪去又短又坚硬的浅黄色的毛。它们这个时间也需要躺在冰块上，一直漂流到褪完毛。

侦察员开着飞机在北冰洋上空盘旋，想仔细看清楚带着小海豹的雌海豹在哪块浮冰上，换毛的雄海豹又在哪块冰上。

侦察完后，他们会返回向船长报告，告诉他哪里的海豹最密集。有的地方聚集了太多的海豹，都看不到下面的浮冰了。

满载猎人的专门船只在浮冰间穿梭，向着海豹密集的方向驶去，他们这是去猎捕海豹①。

来自里海的播报

我们这里的北边还有冰，有很多海豹的洞穴。

不过，我们这里的小海豹已经长大，换完毛后，全身先是深灰色，而后又变成了棕色。海豹妈妈越来越少从冰里的圆形洞穴里爬出来，这是它们最后几次哺乳自己的孩子了。

---

① 俄罗斯人有打猎的传统，这在当时是合法的。

海豹妈妈也开始褪毛。现在是时候游到其他冰上了，那里有整群的雄海豹，过去后能跟它们一起换毛。身下的冰不断融化，它们不得不爬上海岸，在沙滩和岸边换毛。

我们这里的洄游鱼有里海鲱鱼、鲟鱼、欧鳇等等，它们从大海各处汇集成一群一群的，现在正向伏尔加河和乌拉尔河河口游去。它们将在那里等待这些河流上游的冰完全融化，伏尔加河会给它们带来第一批新鲜的淡水。

到那时，它们全都忙碌起来，一群接一群地逆流而上，争先恐后到达这些河流的北边，在那儿大大小小的支流里产卵，它们以前也是在那里从一个个小小的鱼子长成现在这个样子的。

伏尔加河、卡马河、奥卡河、乌拉尔河和它们的支流上到处都是渔民下的渔网，准备拦截这些急于回家的鱼儿。

来自波罗的海的播报

我们这里的渔民已经准备好捕鲱鱼和鳕鱼了，等芬兰湾和里加湾的冰融化了，他们还会去捕鲑鱼、胡瓜鱼和白鱼。

我们这里的港口一个接一个地解冻了，很多轮船将从这里启程远航。

世界各地的船只也开始在我们这里靠岸。冬天结束了，波罗的海开始热闹起来。

喂！喂！这里是中亚荒漠

我们这里的春天非常热闹。现在正在下雨，还没有发生大的火灾。到处都开始冒出不知从哪里来的小草，甚至沙丘上也一样。

灌木丛发出了新叶。冬天在地下沉睡的动物也走出来了。蜣螂、象鼻虫开始到处飞，灌木丛上布满了颜色艳丽的吉丁虫。蜥蜴、蛇、龟、黄鼠、沙鼠、跳鼠也都从很深的洞穴里爬出来了。

成群结队的秃鹰从山上飞下来追捕乌龟。

秃鹰很擅长用自己弯曲的喙从坚硬的乌龟壳里掏食乌龟肉。

春天的客人也飞来了，有个头不大的沙漠莺，有擅长跳舞的石即鸟，还有各种各样的云雀——有个头大的塔塔尔云雀，有个头较小的亚洲云雀，有黑色的，有长着白翅膀的，还有凤头云雀。空气中弥漫着鸟儿的歌声。

在明媚舒适的春天，甚至荒漠都活过来了，到处都是各种各样的生命！

苏联各地的无线电播报到此结束。

下期节目将于 6 月 22 日播出。

春·第二期

候鸟返乡之月

4 月 21 日—5 月 20 日

太阳落入金牛座

一年是一部分成十二个月的太阳诗篇

春水溶溶，万物生

四月，请你融化积雪吧！四月还在沉睡，不过已经吹起了微风，预示着温暖即将到来。等着看吧，还有很多事情要发生呢！

这个月，水从山上流下来，鱼也不再留在栖息地。春天把大地从积雪中解救出来后，开始完成自己的第二项事业——将水从冰的桎梏中解救出来。融化的雪水汇集成溪流，悄悄流进河里，河的水位上涨，冲破了冰层的束缚。春天的水流潺潺，遍布整个山谷。

大地喝饱了春水，经过温暖雨水的滋润后，换上了绿装，上面点缀着柔嫩的雪莲花。而森林还光秃秃的，正等待着春天的眷顾。不过树里的浆汁已经开始暗中流动，嫩芽也鼓了起来。不管是地上，还是枝头，都开满了鲜花。

林中大事记

鸟类返乡大迁徙

鸟类成群结队地飞离越冬的地方。返乡迁徙的鸟儿要按照严格的顺序排成队伍，每个队伍也有固定的顺序。

今年，鸟类在空中飞行的路线和顺序跟它们的前辈在几千年、几万年、几十万年前飞行的路线和顺序一样。

最早启程的是那些秋天最晚离开我们的鸟儿。最后一批是那些秋天最早飞离我们这里的鸟儿。最晚飞来的是那些颜色艳丽、毛色复杂的鸟类，它们要等到树叶和小草都变绿后才来。在光秃秃的地上和树上，它们太容易暴露了。它们现在还没法在我们这里找到藏身之处，无法躲避这里的野兽和其他鸟类敌人。

一条鸟类海上迁徙路线恰好经过我们的城市和列宁格勒州。这些空中通道被称为"波罗的海之路"。

这条海上迁徙之路一端延伸到天气阴沉的北冰洋，另外一端消失在明亮、炎热、到处都是鲜花的国度。数不清的海鸟和沿海鸟类排成一个个一眼望不到尽头的队伍，成行地掠过天空。每只鸟在队伍里都有自己的位置。它们沿着非洲大陆海岸，穿过地中海，经过伊比利亚半岛、比斯开湾，穿过各个海峡，最后再飞越北海和波罗的海，才能到达目的地。

它们在路上会遇到很多障碍和灾难。有时，浓雾会像高墙一样挡在这群长着翅膀的"朝圣者"面前。在潮湿昏暗的空气中，鸟儿会迷失方向，挥着翅膀撞向隐藏在雾中的峭立山崖。

海上的暴风雨会折断它们的羽毛，弄伤它们的翅膀，把它们吹向看不到岸边的遥远地方。

突如其来的寒冷能把水都冻成冰，更何况鸟儿，它们会被严寒冻死。

成百上千的小鸟会成为雕、鹰、鹞鹰这些贪婪猛禽的食物。

这个时候，很多猛禽都聚集到海上迁徙线，想轻而易举地捕获大量的猎物。

上万只正在飞行的鸟儿会被猎人打下来。

不过任何事情都无法阻拦这群"朝圣者"的脚步：它们会穿过浓雾，克服一切障碍飞回家乡，回到自己的鸟巢。

不过并不是所有的候鸟都在非洲过冬，再通过波罗的海之路飞回来，还有一些是从印度飞来，而长着扁平喙的红颈瓣蹼鹬则在更远的美洲越冬。它们匆匆穿过整个亚洲来到我们这里。从越冬的地方到阿尔汉格尔斯克的巢穴需要飞越一万五千公里，要花将近两个月的时间。

带着金属圈的鸟

如果你打死了一只带着金属圈的小鸟，请取下这只金属圈，把它寄到金属圈管理局，地址是：莫斯科市第 9 区赫尔岑路 6 号。你还要在信中告知这只鸟是什么时候、在哪儿碰到的。

如果你抓住了带着金属圈的小鸟，请抄下金属圈上的字母和编号，把这只鸟放生，并把这个发现写信告诉上面所说的机构。

如果不是你，而是你认识的猎人或捕鸟人打死或抓到一只这样的小鸟，请告诉他需要做的事情。

轻质金属（铝）做的吊圈戴在鸟腿上，字母代表某国家某科研机构，字母后面是编号，这个编号在科学家的记事本上也有，代表他何时何地给这只鸟戴上了这个金属圈。

科学家通过这种方式了解鸟类令人惊奇的秘密。

在我们这遥远的北方也会给鸟类戴金属圈，它们可能会落到非洲南部或者印度等地居民的手中。他们也会把这些金属圈寄给我们。

不过，并不是所有的候鸟都会去离我们很远的地方过冬：有些去西方，有些去东方，还有的是飞到北方过冬。这是飞鸟的秘密之一，我们正是通过给它们戴的金属圈知道的。

森林要闻

泥泞的道路

城郊一片泥泞，那些林中道路和乡间小路，你不论是乘雪橇，还是坐马车，都过不去。因此，我们要费很大的劲才能收集到一丁点儿的林中信息。

从雪下长出的浆果

在森林的沼泽里，蔓越橘从雪下露出了头。农村的小伙伴们去采摘时说道，经过了一个冬天的浆果比新鲜的还甜。

昆虫枞树节

黄花柳开花了。它的枝条呈灰绿色，有点粗，也不平滑，不过已经完全被明黄色的小球挡住了。整棵树变得毛茸茸，看上去又轻盈又快乐。

柳树开花对昆虫来说是个大日子。在这棵外形华丽的灌木上，处处都是喧闹声，弥漫着快乐的气氛，就像枞树节一样。黄蜂嗡嗡叫着，头脑不清的苍蝇飞来飞去，勤劳的蜜蜂拨开细细的花蕊，正在采蜜呢。

蝴蝶正翩翩起舞。你瞧，那只长着富有立体感羽翼的黄色蝴蝶是钩粉蝶，另外一只长着大眼睛的红色蝴蝶是荨麻蛱蝶。

有只黄缘蛱蝶落到了毛茸茸的黄色小球上。它收起暗色的翅膀，伸出吸管，探到花蕊底部，开始吸食花蜜。

这棵热闹非凡的灌木旁边还有另外一棵灌木，也是正在开花的黄花柳。但这棵黄花柳上的花完全是另外一种模样，一点都不好看，全是些乱蓬蓬的灰绿色球穗花序。花序上面也有昆虫。但是，这棵灌木周围远没有旁边那棵热闹。不过，这棵黄花柳的种子正在成熟。昆虫把有黏性的花粉带到这些灰绿色的球穗花序上，花序里面每一个瓶状雌蕊都会长出一粒种子。

巴甫洛娃

柔荑花序

在河流小溪旁和林边空地上长着一些柔荑花序类植物，现在已经开花了。它们不是开在刚刚解冻的地面上，而是开在被春天的阳光晒得暖暖的树枝上。

现在，赤杨和榛树上面满是长长的褐色小穗子，这就是柔荑花序。

它们去年就长出来了，不过在冬天被裹得严严实实的，一直没动弹。现在它们都舒展开来，变得又蓬松又灵活。

你摇一下树枝，会有花粉像烟雾一样纷纷扬扬落下来。

不过，赤杨和榛树上除了能散播花粉的柔荑花序外，还有另外一种花——雌花。赤杨上的是褐色的球状花。榛树上是粗粗的苞蕾，从里面有粉色的卷须伸出来，乍一看，以为这是坐在苞蕾上的昆虫的触角，实际上，这是雌花的柱头。每朵花上这样的苞蕾不多，一般是两三个，也有的是四五个。

赤杨和榛树现在还没长出叶子，风可以自由拂过光秃秃的枝头，摇动花序，卷起花粉，将其从一棵树上吹到另外一棵树上。粉色的卷须柱头会粘住花粉，这些像硬须一样长相奇怪的花便完成授精了，秋天到来时，它们会长成榛果。赤杨的雌花也授精了，它们到秋天会长成带有黑色种子的小球果。

巴甫洛娃

蝰蛇的太阳浴

毒蝰蛇每天早上都爬到干树墩上晒太阳。它现在爬行还很吃力，因为它的血液在严寒中被冻得都快凝固了。

在太阳底下晒了一会儿，蝰蛇就恢复了活力，现在忙着去逮老鼠和青蛙了。

蚂蚁窝也动起来了

我们在云杉树下找到一个巨大的蚂蚁窝。我们刚开始没看到一只蚂蚁，以为是一堆垃圾和干针叶，没想到竟是个蚂蚁窝。

现在蚂蚁窝上的雪融化了，蚂蚁们都爬出来晒太阳。经过那么长时间的冬眠后，它们全都毫无力气，像粘在一起的黑团子一样，躺在蚂蚁窝上。

我们用棍子轻轻捅它们，它们只略动了动身子，甚至没力气向我们喷射腐蚀性很强的蚁酸。

还有谁醒来了？

醒来的还有蝙蝠和各种甲虫，例如扁平的步行虫、圆形的黑色螳螂、叩头虫。叩头虫正在展示自己令人费解的魔术，如果你把它翻个个儿，它会啪啪磕头，一跃而起，在空中翻过身来，直接用脚落地。

蒲公英开花了，白桦树也裹上了绿色的雾气——原来是叶子放出来的。

第一场雨过后，粉色的蚯蚓从地下钻出来了。地上还长出了新鲜的蘑菇，有羊肚蘑和鹿花蘑。

回归池塘

池塘里也热闹起来。青蛙离开了在泥沼里的冬眠床，产下卵后，直接从水里蹦上了岸。

而北螈则相反，它现在从岸上的陆地回到了水里。

我们这里，列宁格勒附近的小伙伴们还把北螈称作"蛤螈"。它全身呈深橙黄色，长着尾巴，与其说它长得像蜥蜴，还不如说它长得像青蛙。冬天，它会离开池塘去森林里，藏身在潮湿的苔藓下面冬眠。

蟾蜍醒过来后也在产卵。只不过青蛙的卵是在水中漂浮着，呈现胶质的一团，上面有气泡，每个气泡上都有一个黑点。蟾蜍的卵都排列在管状胶质带内，这个胶质带会附着在水草上。

森林卫生员

冬天常有一些极度的严寒不期而至，有些小鸟和野兽一旦碰上了，会被冻死，被雪掩埋。春天，它们的尸体又会曝露出来。不过它们不会在那里躺很长时间：熊呀、狼呀、乌鸦呀、喜鹊呀、埋葬虫呀、蚂蚁呀和其他森林社会卫生员会清理它们。

它们算春花吗？

现在能找到很多正在开花的植物，例如三色堇、荠菜、遏蓝菜、繁缕、洋甘菊。

不过，你千万别认为这些植物就像雪花莲那样，是从地下发出来的。雪花莲先破土探出一个绿色的小嫩芽，然后再拼尽全力长出来，直到那时它的小花才能见日。

三色堇、荠菜、遏蓝菜、繁缕、洋甘菊冬天也不会隐藏自己的行踪。它们通过盛开花朵的方式迎接冬天，十分勇敢。当它们身上的积雪消融，蓝天再现时，它们会苏醒过来，花朵和蓓蕾也会恢复生机。

去年晚秋，我们在这些植物的花梗上看到的那些蓓蕾，现在已经变成了花朵，正矗立在那里看着我们呢。

但问题来了，它们算春花吗？

巴甫洛娃

白寒鸦

小亚尔奇吉村的学校附近住着一只白寒鸦。它跟一群普通寒鸦一起飞行。即使村里的老人也没见过这样的白寒鸦。我们作为这所学校的学生，也不知道为什么会有这样的白色寒鸦。

校园小记者　波利亚·西妮茨娜　盖拉·马斯洛夫

编辑部的解释

普通的鸟和野兽永远都不会产下纯白的雏鸟和野兽宝宝。

科学家把这称作白化病。

白化病有全白和部分白两种情形，第一种通身都是白色，第二种是部分变白。它们的身体缺乏一种产生颜色的物质——色素，这种物质会让皮毛和羽毛变得有颜色。

家养动物中患白化病的很多，例如白兔、白母鸡、白公鸡、白鼠等。

野生动物中天生有白化病的极少。

患这种病的动物存活下来极其困难。经常出现的情形是，它们很小就被自己的父母杀死了。不过，即使这种白色的丑八怪就像小亚尔奇吉村的白寒鸦那样，被自己的亲人接纳，和它们生活在一起，它仍然无法存活很久：对任何动物来说，尤其是对野兽来说，它太过显眼了。

稀有的小野兽

森林里传来啄木鸟的尖叫声，声音如此之大，让我立刻明白过来，这只啄木鸟有难了！

我匆匆穿过灌木林，看到采伐迹地上有棵枯树，树上有个干净整齐的洞，这是啄木鸟的巢。有只稀奇的小野兽正沿着树干向它靠近。我一头雾水，这是什么动物？它浑身灰色，尾巴不长，身上的毛也不多，圆形的耳朵很小，就像小熊一样，而它的眼睛却跟鸟一个样，大而突出。

这只小野兽爬到鸟巢附近，朝树洞里看了一眼：显然，它这是想偷鸟蛋。啄木鸟着急了，快速向它扑去。小野兽闪到树干后面，啄木鸟立即追过去。这只小野兽绕着树干旋转着向上爬，啄木鸟也跟在它后面转。

小野兽越爬越高，再往上没路了，已经到树顶了！而啄木鸟还在不停地啄它！小野兽忽然从树上一跃，竟然在空中滑翔起来！

它张开爪子，就像秋天的槭树叶一样，在空中飘了起来。它左右微微摇摆身体，摇着尾巴，飞过空地，落到了树枝上。

直到这时，我才想起来，这是鼯鼠，也叫飞鼠！它身体两侧长着飞膜。它张开四肢就能打开飞膜，这样便能飞行了。它是我们森林里的"伞兵"。

不过可惜，它们的数量极其稀少！

森林记者　斯拉特科夫

鸟信使传来的紧急信件

(由我们的森林记者发出)

洪水

春天会给森林里的住户带来很多灾难。积雪融化得很快，河水溢出，淹没了河岸。有些地方暴发了真正的洪水。我们从四面八方收到了关于受灾情况的消息。受灾最严重的是兔子、田鼠、老鼠和其他生活在地表或地下的小野兽。洪水涌进了它们的栖身之地，小野兽们不得不从里面逃出来。

每只小动物都在尽力自救。

小鼩鼱从洞穴里跳出来，跃上了灌木。它坐在那里等待洪水退去，样子看起来十分凄凉，挨饿的滋味可不好受。

洪水冲出河岸时，田鼠差点被淹死在地洞里。它从地下爬出来后，漂到了水面上。它一边游，一边寻找干燥的去处。

田鼠是个游泳健将。在上岸之前，它已经游了几十米。它觉得非常满意，因为没有一只猛禽在水面上注意到它发亮的黑色皮毛。

上岸后，它又很顺利地隐没到地洞里去了。

树上的兔子

有一只兔子遇到了这样的事情。

在宽阔的河面上有个小岛，岛上住着一只兔子。每到夜晚，它就出来啃食小山杨树的树皮；白天则藏在灌木丛里，以防被狐狸或人注意到。

这只兔子年纪不大，也不是很聪明。

它住的小岛被河水冲来的冰块包围了，噼噼啪啪的声音响成一片，它都没察觉到。

这一天，兔子安静地躺在灌木底下睡觉。这只小兽浑身都被太阳晒得暖烘烘的，没注意到河水正快速地漫上来。直到它感觉自己身下的毛都湿了，才惊醒过来。

它跳了起来，不过周围已经全是水了。

发大水了。只是水才刚刚漫过兔爪子。它逃到小岛中央，那里还是干的。

但是水涨得很快。小岛变得越来越小。这只兔子从小岛的一端窜到另外一端，又从另外一端窜回来。它发现，整个小岛很快就要被河水淹没，但它又不敢跳进冰冷湍急的波浪里，它没法从汹涌澎湃的河里游到岸边。

就这样过了一天一夜。

第二天清晨，小岛只剩下一点点顶端露出水面。这里长着一棵粗大的树，上面有很多节瘤。受到惊吓的兔子围着树干跑了一圈又一圈。

第三天，水位已经涨到了树的位置。兔子开始往树上跳，不过每次都会跌下来，掉进水里。

最后，它终于跳到了一根位置比较低的粗树枝上。它趴在树枝上，耐心地等待洪水结束，河水已经不上涨了。

它不怕被饿死，树皮虽然又硬又苦，但在这种情况下，也勉强能充饥。

更令兔子害怕的是风。树被大风吹得左右晃动，差点把这只兔子甩下去。它这样子就好像轮船桅杆上的水手，身下的树枝来回摇晃，就像横桁一样，再下面是又深又冷的河水，向前奔流而去。

在它下面，宽阔的河面上漂浮着树干、树枝、秸秆和动物尸体。

看到另外一只兔子被水冲着经过时，这只可怜的兔子被吓得浑身颤抖起来。在水里的这只兔子，爪子跟枯枝搅在了一起，肚皮朝天，四只爪子都奋拉着，被水冲着向前走。

可怜的兔子在树上坐了三天。

洪水终于过去了，兔子跳到了地上。

现在它还得继续生活在河中央的小岛上，一直到夏天到来。夏天一来，河水渐浅，到那时它就能游到河岸了。

坐船的松鼠

渔夫把袋形网撒到了水下浇筑的渔场里，准备养殖欧鳊。他乘着小船慢慢穿过水中的灌木丛。

在其中一棵灌木上，他看到了一个微微发红的蘑菇。忽然，蘑菇跳起来，径直朝渔夫蹦过去，落在了小船上。

这只"蘑菇"在小船上转过身来，原来是只松鼠，它浑身湿漉漉的，毛有些凌乱。

渔夫把它载到岸边后，松鼠立即跳到岸上，朝着森林跑去了。没人知道它是怎么落到了水中的灌木上，在那待了多长时间。

鸟儿的状况也很糟糕

虽然洪水对鸟儿来说并不是那么可怕，不过春汛也让它们吃了不少苦头。

黄鹂把自己的巢建在大水渠岸边后，立即在那里产下了蛋。春汛暴发后，鸟巢被淹了，鸟蛋也被洪水冲走了，黄鹂不得不重新寻找筑窝的地方。

而沙锥鸟坐在树上，焦急地等待春汛结束。这是只扇尾沙锥。它栖息在林中的沼泽地里，用自己长长的嘴从柔软的泥里找食吃。它的腿很适合在烂泥里行走。这样的双腿也适合站在树上，就像狗的腿适合站在栅栏上一样。

它仍然站在那里等待，希望能再在柔软的沼泽地上行走，再用尖尖的嘴在上面插出一个个小孔。它无论如何都不会飞离这片生它养它的沼泽地！因为所有地方都被占满了，当地的沙锥鸟也不允许它侵入其他沼泽。

出乎意料的战利品

我们的一个森林记者是猎人。他发现湖面的灌木丛后有只鸭子，就慢慢向它靠过去。他穿着高筒橡胶靴，悄无声息地挪动双脚。从岸边溢出来的水已经涨到了他的膝盖位置。

忽然，他身前的灌木丛后面发出了声响，他看到一只怪兽的背——很长，是灰色的，十分光滑，它正在浅水里挣扎。猎人没细想，拿着打鸭子的猎枪朝着这只怪兽连开了两枪。

灌木后面的水好像沸腾了一样，泛起了泡沫。接着，一切都平静下来了。猎人向前走了几步，看到一只被他打死的狗鱼，大约有一米半长呢。

现在，狗鱼都被春汛溢出的水冲出了湖岸和河岸，纷纷在草丛里产下了鱼卵。这里的小水洼十分温暖。小狗鱼一从鱼卵里出来，就会被退下去的水带回河里和湖里。

不过猎人并不知道这件事。如果他知道的话，就不会违反法律，用枪猎杀春天到岸边产卵的鱼了，即使是狗鱼和其他野兽也不行。

最后一块冰

小河上面本来有条冰道，集体农庄庄员会坐着雪橇从上面经过。春天来了，河上的冰膨胀后裂开了，这条冰道碎成一块块的，随着水流摇摇晃晃地向下漂去。

这块冰很脏，上面有畜粪、雪橇印和马蹄痕，在它的中部还横着一根马掌钉。

冰块从左边被带入河流。有只白色的鸟从岸边飞到冰块上，原来是鹡鸰。它们正站在冰上逮苍蝇吃。

后来，河水溢出两岸，这块冰也被冲进了草丛。冰块下面有几条鱼，正在满是水的草洼里游来游去，扑腾作乐。

有一天，靠近冰块的位置有只小兽浮出水面，爬上了冰块。这只小兽没有眼睛，是只鼹鼠。当草地被水淹没后，鼹鼠在地下没法呼吸，只能爬到上面来。你看，当冰块的一角碰到一个没有水的小山丘时，鼹鼠立即跳了上去。它在小山丘上很快就挖好一个洞钻进去了。

而这块冰继续漂啊，漂啊，越漂越远——最后漂进了森林。它撞到树桩，被卡住了。树桩上聚集了一群深受洪水之苦的陆生小兽，有林鼠，还有小兔子。任谁也无法从灾难中幸免，全都面临着死亡的威胁。这几只小兽因为害怕和寒冷而浑身战栗着，紧紧蜷缩着依偎在一起。

你看，水开始快速地退下去，太阳烘烤着这块冰，小兽们也纷纷跳上陆地，四散跑开了，最后只剩下了那颗马掌钉。

漂流的原木

密密麻麻的原木正沿着河水向前漂去。这是人们在放排冬天伐好的木材。当小河流入大河和湖泊时，放排工人会拦住河口，放上浮栅。木材在浮栅上被捆绑好后，就会被小船运走。

有几百条小河都是发源于我们州的森林深处，很多都注入姆斯塔河。姆斯塔河又注入伊尔门湖。宽阔的沃尔霍夫河从伊尔门湖流出，注入拉多加湖。涅瓦河就是发源于拉多加湖。

冬天，我们州会在森林深处的某个地方砍伐树木。春天一到，伐木工人再把这些木材滚进小河中。就这样，这些失去生命的木材开始沿着水流、小路和大道旅行。常常会有蛾子落到树干上，随着树干进入列宁格勒城。

放排木材的工人会看到各种各样的事情。

其中一位放排工人给我们讲述了这样一个故事：

在林中小河的岸边有一个树墩，上面坐着一只松鼠。它用前爪子抱着一颗大云杉球果，正低头啃着。

忽然，从林中窜出一只狗，一边叫着一边朝松鼠扑过去。旁边连棵树也没有，不然松鼠就可以爬上去逃命了。松鼠扔掉球果，跳了几下，把蓬松的尾巴翘到背上，朝小河跑去。狗跟在后面紧追不舍。

这个时候，河面上恰好布满了原木。松鼠跳上离它最近的一根原木，又从这根跳上另外一根，一直如此反复，向前逃去。

这只狗一时怒起，跟在松鼠后面跳上了原木。不过你能想象狗用四条长腿从一根原木跳到另外一根原木的情景吗？原木在水里翻滚着。狗的两只后爪先滑了下去，两只前爪也接着一滑，这只狗整个儿掉进了水里。而后又漂来了一批原木，狗便失去了踪迹。

　　而灵敏的松鼠从一根原木跳上另外一根，再从这根跳上第三根，如此反复，最终跳上了岸。

　　另外一个放排工人看到，有只灰色的野兽爬上了一根单独漂流的粗原木上。它的个头有两只猫那样大，嘴里叼着一只大欧鳊。

　　这只野兽站在原木上，静静享受完这只鱼后，挠了挠痒，打了个哈欠，转身跳进了河里。

　　这是水獭。

追踪报道

森林中的战争

森林中的各个种族常常互相争斗。我们向战斗前线派去了特派记者。

我们的特派员从左面进入了云杉王国，这里的杉树全都百岁高龄、身材魁梧，长着银白色的胡子。每个"战士"的身高都跟两三根电线杆首尾连接一样高。

这是个忧郁的王国。老云杉战士都笔直地站着，保持着阴郁的沉默。它们的树干从根部到顶部全都光秃秃的，偶尔才有几根歪歪扭扭的干树枝在那儿翘着。

这些耸立的云杉如同巨人一般，茂密的树枝相关交缠，密实的林冠遮盖住了整个国家。甚至太阳的光线都无法穿透这个厚重的林冠。下面又闷又暗，林中散发着潮湿、腐烂的气息。偶然长出来的绿色小植物，不管是什么样的，都因为照不到阳光而枯萎了。只有灰色的苔藓和地衣对这个阴暗国度的栖息之地感到极为满意，它们喝着宿主的汁液，即使宿主在林国巨人的斗争中牺牲了，它们也会贪婪地吸附在上面。

我们的特派记者在这里没有遇到一只野兽，也没听到一只小鸟的叫声，偶然能碰到一只生性孤僻的雕鸮。它躲在这里，避免被明亮的阳光晒到。它被我们的记者吵醒后，全身的羽毛都竖了起来，抖动着像胡须一样的羽毛，鹰钩一般的角质喙发出瘆人的叫声。

在无风无雨的日子里，这个云杉国度完全寂静无声。如果有风吹过，这些刚毅挺直的巨大云杉只会生气地发出呼呼声，摆动一下满是针叶的树冠。

在古老的森林里，数量众多的云杉树是所有树种中最高、最刚毅的。

我们的特派记者离开云杉国后，又来到了白桦树国和山杨树国。

在那里，白色树干、绿色树冠的桦树和银色树干的山杨沙沙作响，向他们表达了欢迎之意。很多小鸟站在它们的树枝上唱歌。明媚的阳光穿过树梢一泻而下，空气也变得斑斑驳驳，仿佛有很多镀着阳光的兔子、金灿灿的蛇、小圆圈、半月和小星星从空气中跑过，落到光滑的树干上，在那里快乐地玩耍。地上是成堆的矮草，看得出来，它们在这绿色的帐篷底下怡然自得，十分舒服。老鼠、刺猬和兔子从我们通讯员的脚下跳过。有风从上面吹过时，这个快乐的国度便会响起喧闹声。即使没有风也不会完全安静，不论白天黑夜，都能听到山杨叶子沙沙、簌簌的声音。

这个国家的边界是一条河，过了河是一片空阔的采伐迹地，林木冬天都被采伐干净了。过了这块空地之后又是云杉林，仿佛深色的城墙一般。

我们编辑部知道，等到森林的雪一消融，这片空地就不再荒芜，会变成一个战场。

因为森林边缘是必争之地。每当这附近有块空地出现，所有的部落种族都会急不可耐地去占领它。

我们的特派记者过河之后，在采伐后的空地上搭了个帐篷，打算待上几天，看看这里的战况。

有一天早上，空气温暖，阳光明媚，好像从远处传来了枪战的嗒嗒声。我们的森林记者立即赶了过去。

原来，进攻已经开始了，它们派遣了"空中舰队"前去占领空地。

云杉树上的巨大球果被太阳晒着，发出噼里啪啦的声音。球果一个接一个地裂开，每次都好像有人拿着小玩具枪开枪一样。球果上密密麻麻的鳞片一下子就鼓了起来。球果就像秘密军事避难所，被打开后，一颗颗小小的种子像小滑翔机一样飞了出去。风把它们吹起，一会儿把它们抛下，一会儿又把它们带到高空，卷了几卷，种子被渐渐带到远方。

每棵云杉上都有几百个球果，每个球果上又有几百个这样的滑翔机种子。它们中的很多都被风吹起，在空中转了几圈后落在了采伐迹地上。

只不过，云杉的种子有些重，只有一个翼片。微弱的风没法把它们带到很远的地方，它们还没飞到采伐迹地一半的位置，就落地了。只能等上几天，有大风刮过时，云杉的滑翔机种子才能占领整片空地。

这几天的清晨有些寒气逼人，他们还担心这些柔嫩的种子可能会被冻死。不过幸好下了一场温暖的春雨，泥土变得十分松软，把这些小小的迁居者裹进了自己的怀抱。

这边的云杉种子正忙着占领空地，小河那边的山杨已经开花了。在毛茸茸的柔荑花序上，山杨的种子才刚刚开始成熟。

在云杉部落阴郁的边缘地带，一场盛事开始了。云杉的树枝上好像燃起了红色蜡烛，原来是新长出的球果。金黄色的柔荑花序纷纷矗立在枝头深绿色的针叶当中，给云杉穿上了漂亮的新衣。这是云杉在开花，正悄悄为明年孕育种子。

现在，躺在采伐迹地泥土里的云杉种子喝饱了温暖的春水，变得胀胀的。是时候让小树苗破土而出，见见世面了。

而白桦树还没开始开花。

我们的通讯员相信，新的空地已被云杉彻底占领了，其他林中部落都错失了良机。

斗争预计还将继续。

到下一期《森林报》出版时，编辑部会收到特派记者的详细报告。

集体农庄新闻

春种

雪一消融，集体农庄庄员就开着拖拉机下田了。拖拉机耕地，拖拉机耙地，如果靠近拖拉机的钢爪，树墩子都会被连根掘出，只有这样才能开辟新的土地。

黑色中微带蓝色的白嘴鸦紧紧跟在拖拉机后面，一本正经地摇晃着身子向前走；再往后是灰色的乌鸦和侧面发白的喜鹊，也蹦蹦跳跳地跟在后面。犁和耙从土里翻出来的蠕虫、甲虫和它们的幼虫都是这些鸟儿们的美食。

田地被犁好、耙过之后，拖拉机拖着播种机开始来来回回地播种。精心挑选的种子被整整齐齐地埋进了土里。

我们最先种亚麻，然后是娇弱的小麦，最后是荞麦和大麦——它们都是春种庄稼。

越冬的庄稼有黑麦和小麦，它们已经长到了四分之一高。它们秋天被播种下去发芽后，在雪的怀抱里度过了整个冬天，现在正齐心协力地蹿个头呢。

在清晨和傍晚的霞光中，在充满欢乐的田野里，好像有辆看不见的四轮大车发出吱吱声，又好像有只大蟋蟀在唧唧叫：

"唧唧——吱！唧唧——吱！"

不过这不是四轮大车，也不是蟋蟀，而是只灰色的松鸡。

它浑身灰色，长着白色的花斑，脖子和两颊橙黄色，红眉、黄脚。

它的妻子——雌松鸡正在田野里的某个地方建巢。

牧场里新鲜的杂草已经开始泛绿。你听，黎明时分，集体农庄的农舍里传来了马嘶声、牛哞声和羊咩声，牧人们开始把一群群奶牛和绵羊赶向牧场。

在马和牛身上有时能看到特殊的骑者——寒鸦和椋鸟。奶牛向前走着，个头很小的鸟儿骑者在它后背上啄着，一下，又一下！奶牛本来可以用尾巴把它们赶走，就像赶苍蝇一样，不过它没这样做，任凭它在那里啄。这是为什么呢？

答案很简单：这位骑者的身量不大，也不重，况且还能带来好处。椋鸟和寒鸦常常从奶牛和马的皮毛里啄食牛虻幼虫以及苍蝇在它们的伤处产下的卵。

肥肥大大、浑身绒毛的雄蜂早就醒过来了，细细瘦瘦、颜色艳丽的黄蜂也出来飞行了。蜜蜂马上也要出来了。

集体农庄庄员从越冬的蜂房和地下室里把蜂箱拿出来，摆到养蜂场上。长着金黄色翅膀的蜜蜂从蜂箱里飞出来，趴在太阳底下，被晒得暖暖的，翅膀也展开了。它们飞去采集甜蜜的花汁，开始酿第一批蜜。

土豆的节日

如果土豆会唱歌的话，你今天便能听到世上最快乐的一曲。今天是盛大的土豆节，它们都被运到了田里。农民小心翼翼地把土豆摆进箱子，再搬上车，运到田里。

为什么要小心翼翼的？为什么要装进箱子，而不是装到袋子里？

这是因为每个土豆都发出了幼芽。它们长得多好啊：短短的、胖胖的，都毛茸茸的，被太阳晒得黑黑的。它们的下面很宽，长满了白色的突起：这是发出来的小根，幼芽的上面有些尖，能看到非常小的叶子。

神秘的坑

在靠近学校的那块地，不知为什么秋天就挖了很多坑。青蛙跳进去会想，这是专门为它们准备的陷阱。

现在，甚至青蛙也明白过来了，这些坑原来是用来种果树的。

农民在每个坑里都种下一棵果树，有苹果树、梨树，还有李子树和樱桃树。

每个坑的中央都立着一根木桩，用来固定小树苗。

修指甲

集体农庄的专门理发师正在给奶牛修指甲。他给它们清洗完后，修剪了一下它们四只蹄子上的指甲。这些奶牛很快就要进入牧场了，必须得弄得整整齐齐的。

农活开始了

田野里不论白天黑夜都能听到拖拉机的轰隆声。它们夜里孤零零地工作，从早上开始，会有一群白嘴鸦自动加入它们。这些白嘴鸦已经够快了，也只能勉强来得及啄到从土里翻出来的蚯蚓。

河流和湖泊附近，紧跟拖拉机的不是黑压压的乌鸦群，而是白色鸥鸟群，鸥鸟也非常喜欢啄食蚯蚓和冬天在泥土里过冬的甲虫幼虫。

令人惊讶的幼芽

在黑色的醋栗丛能看到令人惊讶的幼芽，全都个头很大，长得圆滚滚的。有些幼芽已经裂开了，像一个个微型的卷心菜头。如果我们用放大镜看看这个幼芽，会呀的一声惊叫起来！里面满是令人作呕的东西：它们长着长长的身体，全都蜷缩着，来回伸着腿，晃着触角。

这就是幼芽鼓囊囊的原因，原来是有瘿螨在里面过冬。瘿螨是黑醋栗最可怕的敌人。它们不仅会危害幼芽，还会把传染病传给这种灌木，让它无法结果子。

如果醋栗上这种鼓囊囊的幼芽不多，需要在瘿螨到处爬之前，尽快将它们摘去、烧掉。如果灌木上有很多这样大个头的幼芽，必须整株毁掉。

城市新闻

植树周

积雪早就消融了，土地也解冻了。全市和整个州迎来了植树周。春天种树和灌木的日子变成了植树节。

学校周围的田地里、花园和公园里、房子周围、道路两旁，到处都聚集着人群，他们在为种树准备地方。

涅瓦区青年自然科学家站准备了几万根扦插用的果树条。

林木苗圃滨海边疆区各个学校送来了两万株云杉、杨树、枫树幼苗。

列宁格勒塔斯社

咕——咕！

5月5号的早上，市郊公园里传来了第一声："咕——咕"。

一周以后，在一个温暖宁静的夜晚，忽然从灌木丛里传来了不知什么鸟的叫声，十分悦耳嘹亮。最初的声音很弱，后来越来越响，然后就像吹起了口哨一样，声音四散开来，那脆响的声音，就像撒了一把碎豆子。

所有人都明白了，这是夜莺在唱歌。

存种罐

田野广阔无垠。周围有多少防风林啊！我们学校的同学都知道造林这件国家大事。这也是为什么六年级 a 班的同学春天都有一个存种罐。里面装着枫树的种子、白桦树的柔荑花序、密实的棕褐色的橡实……同学们都用桶装来了种子。例如，维嘉·托尔卡切夫光是白蜡树种子，就收集了整整十公斤。秋天到来时，存种罐已经满得不能再满了。我们收集的所有种子都交给了新林木苗圃，让他们种植。

丽娜·波利亚科娃

花园和公园之景

绿色透明的薄雾，如同呼吸出来的空气般温柔轻盈，笼罩在树木上。等到树叶开始生长时，这层薄雾也就消失了。

一只非常漂亮的大蝴蝶飞来了，是只黄缘蛱蝶。它全身呈柔和的褐色，上面有蓝色的斑点，翅膀边缘褪去了艳丽的颜色，变成了白色。

又飞来了一只有趣的蝴蝶。它跟荨麻蛱蝶很像，不过个头要小，而且颜色也不像荨麻蛱蝶那样艳丽，略呈褐色。它的翅膀边缘不整齐，就像锯齿一样。

如果你抓到一只仔细看看，会发现，它的翅膀下面有个白色的字母 C。你可能会认为，这是有人故意在这种蝴蝶上做的白色标志。

这种蝴蝶的学名叫白 C 蝶。

很快又有粉蝶科蝴蝶飞来了，有菜粉蝶，还有大菜粉蝶。

七鳃鳗

从列宁格勒到萨哈林的河流和小溪里都会碰到一种奇怪的鱼。这种鱼又细又长，乍一看，你可能会以为是条蛇。它的两侧没有鳍，只有背上和尾巴上才有。当它在水里游泳时，也像蛇一样把身体扭来扭去。它的皮肤十分松软，没长鳞片。它的嘴也跟普通的鱼不一样，是个圆形的洞，就像喇叭一样，这是吸盘。你看到这样的吸盘会认为，这根本不是条鱼，而是一条巨型水蛭。

在乡下，这种鱼被叫作"七孔鳗"，因为在它身体两侧的眼睛后面有七个呼吸孔。

七鳃鳗的幼虫生活在沙上，外形很像泥鳅。小孩子常常把它们抓来当鱼饵，把它们挂在鱼钩上，可以钓大个头的食肉鱼。

经常出现的情况是，七鳃鳗吸附在大鱼身上，跟随它游遍整条河，大鱼甩都甩不掉它。

渔民还说，七鳃鳗有时会吸附在水下的石头上。当它吸附在石头上时，身体会扭来扭去，前后撕扯。石头会被拽得脱离原来的地方，你看，七鳃鳗的力气大着呢。七鳃鳗会把卵产在水底有石头的小坑里。

在生物学上，这种令人惊奇的长有吸盘的鱼也叫八目鳗。

这种鱼的外形不讨人喜欢，不过把它煎一下，再配上醋，绝对是一道美食！

街上的生活

每到夜里，蝙蝠就会突袭城郊。它们完全不关注行人，只在空中逐食蚊子和苍蝇。

燕子飞来了。我们国家有三种燕子：第一种是家燕，长着长长的剪刀形尾巴，咽喉处带着略呈棕黄色的斑点；第二种是毛脚燕，它的尾巴较短，咽喉处呈白色；第三种是崖沙燕，它个头较小，呈灰褐色，胸脯为白色。

家燕常常把巢建在城郊的木制建筑物上，而毛脚燕则把巢直接建在石头房子上，崖沙燕在悬崖处的小洞穴里孵小燕子。

燕子飞来很久后，雨燕才飞来。雨燕和普通燕子很容易区分开来。雨燕在屋顶来回穿梭，发出尖利的叫声。它们全身都是黑色的，翅膀不像普通燕子那样是个尖角，而是半圆形，就像一把镰刀一样。

咬人的蚊子也出来了。

城里的鸥鸟

涅瓦河一解冻，河面上就有鸥鸟飞来了。它们一点都不害怕轮船和城市的喧闹声。即使有人注视，它们也能泰然自若地从水中抓小鱼。

如果鸥鸟飞累了，它们就直接落在房子的铁屋顶上，站在那里休息。

长着翅膀的飞机乘客

听到了平静的嗡嗡声，人们才发现，原来飞机里还有长着翅膀的小乘客。在胶合板做的箱子里有两百个舒适的客舱，乘客是高加索蜜蜂。飞机把八百个蜜蜂家庭从库班运到了列宁格勒。

在飞行过程中，小小的乘客还有蜂蜜吃。

伊万琴科

太阳雪

5 月 20 日

早上阳光明媚，东方的天空湛蓝，忽然，天上飘起了雪花。小雪花就像闪闪发亮的萤火虫一样，在空中跳着轻盈的舞蹈，而后又慢慢落下。

冬天，你吓不住我们——你现在的雪也不会下很长时间！这雪就像夏天的太阳雨一样，穿过雨滴还能看到微笑的太阳。只是这样的雨过后，蘑菇很快就会长出来。雪花纷纷扬扬落到地上后，立即就会化成水。

如果我出城去森林里，也许会有惊喜等着我。

在落地即化的雪水下面，也许能找到早春菇满是褶皱的褐色菇头，有羊肚菌和鹿花菌，都异常美味。

摘自少年自然界研究员维里卡的日记

吉特·维里卡诺夫的故事

一位陌生访客

《森林报》编辑部里来了一位个头不高的男孩。

"你们好!"他勇敢地打招呼,"我叫吉特·维里卡诺夫,是个少年自然界研究者。请你们接受我当《森林报》的特派记者。我非常擅长编造森林里的故事。"

"您的专业真特别,"我们都很惊讶地说道:"不过我们不需要您编造的故事,我们只刊登真实的故事。"

"为什么不需要?你们难道不想让读者边读《森林报》,边思考吗?"

"我们认为他们会思考。"

"哈!而我认为,他们思考的是你们为他们想到的,所以说,他们认为自己没什么值得思考的。你们是不是在第一期里写过'唯一让鸟儿们感到不满的是猫咪和孩童,他们常常干捣毁鸟巢的坏事'?确实写了!而它们,不管是小鸟呀,还是小动物呀,其实都不会说话,它们都是些小可怜,它们哭泣,却看不到眼泪,一腔怨言,也无处控诉。而读者一定会想,这些小动物对《森林报》说出了自己的怨言。我了解他们!我自己就是个读者嘛!"

"嗯,那又怎样!我们的读者十分清楚,小鸟不会说人话。"

"就算是这样,他们仍然不会分析式地……怎么说呢?不会用批评的眼光对待生物学现象。你看,我想出了这样一个游戏,可以让他们有东西可思考。"

"啊,您还想出了个游戏。这是另外一码事了!给我们看看。"

小男孩从兜里掏出来一个皱巴巴的本子，在我们面前摊开来。

我们所有人都觉得小男孩的故事有趣且有益。我们留下了这个故事，希望吉特还能给我们带来更多的故事。

后来才知道，这个小男孩就是在列宁格勒电台发过言的吉特·维里卡诺夫。

电台编辑告诉我们，这个吉特是个很棒的少年自然界研究者，他眼光敏锐、思维敏捷，为人诚实勇敢，性格有趣。

只是他的性格中有些爱夸大的特点，他甚至把自己都夸大了：他真实的姓名是迪特·马雷什金，却改成了吉特·维里卡诺夫①，好像这样就能变成"伟人"了。他爱笑，喜欢耍些无伤大雅的小把戏。不过，他最后都会自己揭发自己，把事情一五一十地说出来。

请我们的读者读一读他的故事，如果可能的话，最好是全组，或者全班都读。如果你在读的过程中遇到了某个生物学观察、消息或者意外事件，请在纸上标记下，再对新闻中讲述的事实进行评价：如果你觉得这是对的，就勾个对号；如果你不相信吉特的报道，就打个错号。

在读完吉特的故事之后，你可以对照一下吉特·维里卡诺夫在本书结尾处做出的"解释"，自己给每个判断打分。最后大家相互对比一下，看谁得的分高，谁是最佳谎言揭露者。

我的十个观察

这个星期天我起了个大早，我打算去市郊转转，看看那里的动植物界有什么大事发生。

---

① 小男孩玩的文字游戏，他原来的姓氏词根意指"渺小的"，改后的名字吉特在俄文里是鲸鱼的意思，姓氏维里卡诺夫的词根意指"伟大的"。

我刚跑到涅瓦河，乖乖，真神奇啊！有两只颜色非同一般的大鸥鸟掠过水面：它们的背部和腹部都是雪白的，而翅膀却是漆黑的——就像安上去的一样！

桥的正下方有几只野鸭子在游泳。忽然，它们一下子钻进了水里。

水很清澈，我站在桥上，居高临下看得很清楚：它们钻进水里后就直接在水下游了起来，那样子跟在空中飞没什么两样！这是什么样的奇景啊：野鸭挥动着翅膀，在水下飞速地游着！

看到这两处奇景后，我惊讶了一番，继续向前跑。我一边跑，一边哼着一首校园老歌：

> 胡说，胡说，
>
> 全都是胡说！
>
> 锤子烤面包，
>
> 虾子割青草！

看看，我又坐上电车，很快就到了熟悉的车站，那里一眼就能看到森林，森林后面是大海，那是芬兰湾。

海面上空传来一阵阵鸟叫声，原来是只水鸟正顶着烈日飞过。我爬上树，想看得远点。我把望远镜举到眼前……眼前的一切差点没让我把望远镜给扔出去：有整整五十只黑得像炭一样的黑天鹅。

太神奇了！除了我之外，还有谁能在列宁格勒市郊看到了这样的美景?！我真是太幸运了！

你看，野鹅也加入了天鹅的行列。有整整一群呢。从每只野鹅的背上都跑出来了一小群燕子和雨燕。放眼望去，天空中全是这种长着轻盈翅膀的鸟儿。它们正朝着四面八方飞去。

亲爱的鸟儿们，你们终于飞来了！个头又大、身体又强壮的野鹅让它们坐在自己宽阔的翅膀上，把它们从海上载了过来。真是要

感谢这些野鹅，我们是多么期盼它们的到来啊！

已经到时候了！我看了一眼森林，高大的椴树林立，全都开满了花，空气中弥漫着椴树花如蜜般香甜的味道。小山丘上到处都开满了闪闪发亮的黑色花朵，名字我给忘了。时不时有小羊羔温柔的咩咩声传入我的耳朵。你们当然知道小羊羔春天是用尾巴唱歌的，是这样吗？

我坐在树上，享受着春天的美妙声音和怡人香气，欣赏着如画般的美景，就这样过了很长时间……忽然，我看到有只白色的小东西正在灌木丛里悄悄移动。我刚开始以为是只兔子，再定睛一看，这个小东西的个头略小，好像是只什么鸟。它不是纯白的，身上还带着点发黄的斑点。

"嘿！"我想，"这肯定是我国的鸟儿，正在把雪白的冬装换成彩色的夏装呢，就像兔子一样！"

时间快到中午了，我感觉肚子有些饿了。我从树上爬下来，向车站跑去。好像有什么小小的影子从森林里掠过。我想，肯定是燕子从树上空飞过去了。我仔细瞅了瞅，原来是蝙蝠！这意味着，它们也从自己过冬的地方爬出来了。

在火车站正前方的林子边缘，我又幸运地有了第十个发现：我在灌木丛底下找到了美味的蘑菇，采了整整一帽子！

妈妈做晚饭时顺便把这些蘑菇做成了一道菜。

谁能猜出我的观察中，哪些是真的，哪些是假的？这些观察常常是半真半假，当你看了本书结尾处的"解释"后就明白了。

吉特·维里卡诺夫

林野特辑

集市

这几天，列宁格勒市场上开始出售各种各样的野鸭。这些野鸭有的全身黑色，有的像家养的，有的个头很大，也有的个头非常小。有的野鸭尾巴又长又尖，像锥子一样；另外一些的尾巴则很宽，像把铁锹。还有的嘴巴很窄。

千万不要让不懂行的主妇去买野味，否则会非常糟糕：你看她买回家，做熟了，可谁也不想动筷，整只鸭子都散发着鱼腥味。这意味着，她从市场上买来的是以鱼为食的潜水鸭，要不然就是秋沙鸭，甚至都不是鸭子，而是䴙䴘。

而有经验的主妇立即就能把潜水鸭和品质好的鸭子区分开来，只要看看它们后面最小的脚趾就可以了。

潜水鸭和䴙䴘的这个脚趾上都长着一颗大肉芽，而河里"出身更好"的鸭子脚上的肉芽比较小。

在马尔基佐夫湾打猎

很多品种的鸭子都是春天上市。因为这个时间，马尔基佐夫湖上的鸭子数量最多。

马尔基佐夫湾自古以来就是芬兰湾的一部分，位于涅瓦河口和科特林岛之间，喀琅施塔得恰好也位于这里。这里是列宁格勒猎人最佳的打猎地。

如果你去斯摩棱斯克河，站在河岸上，会看到几艘小船，有的是白色，有的是水色。这些小船的船底完全是平的，前部和尾部向上翘起，整艘船体积不大，船体十分宽。

这是猎人用的小船。

傍晚时分，如果你运气好，会看到一个猎人。他把小船推入河中，放进猎枪和其他东西，划着船尾的桨顺流而下。

二十分钟后，猎人到达马尔基佐夫湾。

涅瓦河里的冰已经都化了，而海湾里还有一些大的冰块。猎人的小船沿着灰色的波浪朝着这些冰块疾驰而去。

终于，猎人划到了冰块附近。他把小船停在冰块旁边，直接走了上去。猎人在自己的皮夹克外面又罩上了一件白袍子。他又从小船里拎出一只诱野鸭用的母家鸭，给它绑上绳后扔进了水里，绳子的另一端固定在冰上。这只母鸭子立即叫开了。

猎人坐上小船，退到了远处。

充当诱饵的母鸭和穿白袍的隐形人

没等太长时间。

远处有只鸭子从水上飞了起来。这是只公野鸭。它听到了母鸭的召唤，朝它飞过来了。

还没等到公野鸭靠近母鸭，猎人连发两枪，公野鸭立即掉进了水里。

引诱公野鸭的母鸭很清楚自己的任务，它如狗腿子般地叫了一声又一声。

公野鸭被它的叫声吸引，从四面八方飞过来。

它们的眼中只有母鸭，完全没注意到白色冰块的边缘还有一艘白色的小船和一个穿着白袍的猎人。

猎人不断地开枪，他的船里也堆满了各种各样的野鸭。

一群接一群的鸭子沿着海路飞行。太阳已经落下海面。城市的

轮廓也看不清了，只能看到斑斑点点的灯光。

天黑了，不能再开枪了。

猎人把那只诱公鸭的母鸭放进船里。他把锚紧紧固定在冰块上，让小船紧靠在冰块边缘（防止被风浪打翻）。

是时候考虑住宿问题了。

起风了。乌云遮住了天空。周围漆黑一片，伸手不见五指。

水上之家

猎人在船舷上支起两个木制弧形支架，张开帐篷，把它搭在支架上。你看，他点起煤油炉，从海里舀了一壶水（马尔基佐夫湾里是涅瓦河的水，是淡水），放在煤油炉上，开始烧开水。

雨打在帐篷上，噼里啪啦作响。

不过雨也奈何不了猎人，因为他的帐篷是防水的。帐篷里面干燥、明亮、暖和，煤油灯燃烧着，就像火炉一样。

猎人喝了杯热茶，吃了点儿东西，又给那只母鸭弄了点儿吃的。忙完之后，他开始吸烟。

春天的黑夜过去得很快。天边开始微微发亮，像条白色的带子，这条带子不断变大，越来越宽。乌鸦散去了，风停了，雨也不下了。

猎人打开帐篷向外看了看。

能看到远处的海岸，不过城市依然看不见，连灯光都看不着了。原来，一整晚的时间，这块冰被风吹到了更广阔的海上。

事情糟糕了，要划很长时间才能划到岸边。算了，这块冰没在夜里撞上另外一块冰已经谢天谢地了，否则的话，两块坚硬的冰会把小船撞成碎片，猎人也会被挤成肉饼。

要抓紧时间做事了！

诱捕天鹅

那只诱公野鸭的母家鸭已经筋疲力尽了。现在母鸭身旁有只白色的大天鹅，不过它不会叫，只是一只假天鹅。

鸭子飞来后，猎人开始开枪。

忽然，从上方传来一阵好像喇叭的声音：

"克噜——噜，克噜——噜……"

整整一群鸭子朝着母家鸭飞过来，呼哧呼哧地扇着翅膀。不过猎人连瞧都不瞧上一眼。

他赶紧给猎枪上了弹药，合拢起双手，凑到嘴边，吹起了口哨，想吸引天鹅：

"克噜——噜，克噜——噜……"

在高高的空中，在云彩的正下方，有三个黑点越变越大。喇叭一样的叫声越来越高，越来越刺耳。

猎人不再回应它们的叫声，太近的话已经能听出不像天鹅的叫声。

现在能看清了：有三只白色的天鹅慢慢扇动着沉重的翅膀，逐渐向冰块靠近。在阳光的照射下，它们的翅膀泛着银光。

天鹅越来越低，在空中盘旋着。

它们在空中注意到了冰块旁边的天鹅，以为是它在呼唤它们。这三只天鹅朝着它飞去，以为它是因为精疲力竭或者受伤才掉了队。

它们转了一圈，又一圈……

猎人坐在那里一动不动，双眼紧紧盯着它们。这三只白色的大鸟伸着长长的脖子，一会儿靠近猎人，一会儿又远离他。

猎杀

这三只天鹅又转了一圈，飞得越来越低，已经离小船很近了。

嘣！——前面那只天鹅的长脖子耷拉下来。

嘣！——第二只在空中翻了个个儿，重重地落到了冰上。

第三只像箭一样冲向天空，消失在了远方。

猎人少有那么走运的。

现在可以快快活活地回家了。

但要回到城里也不是那么容易。

马尔基佐夫湾上方弥漫着浓雾。十步以外什么也看不见。

隐隐约约能听到从城里传来的工厂机器的声音。一会儿在这边，一会儿又在那边，完全搞不清楚该往哪走。

细碎的冰碴子打到小船的舷上，发出细微的声音，就像玻璃碎了一样。

船头下面的薄冰发出沙沙的声音。

不过，如果小船划得太快，撞上一大块冰会怎样啊？

如果真是那样啊，整条船会翻个底朝天！

第二天

在安德列耶夫集市上，一群人正好奇地看着两只雪白的巨鸟。它们耷拉在猎人肩膀上，鸟嘴都快着地了。

小孩们围着猎人，七嘴八舌地问：

"叔叔，这是在哪儿打的？难道我们这里有这种鸟？"

"它们正往北方飞，要在那里筑巢。"

"哦，应该是这样，一定是个很大很大的巢！"

而主妇们则对另外一件事感兴趣：

"请问，这两只鸟能吃吗？该不会也一股子鱼腥味吧？"

猎人回答着他们的疑问，不过他的耳朵里仍停留着活天鹅像喇叭一样的叫声，还有它们挥动翅膀的呼哧声，以及冰碴子打到小船上像碎玻璃一样的声音……

这些好像发生在很久很久以前。

春天，仍有天鹅在列宁格勒上空飞过，云端能传来它们像喇叭一样的嘹亮叫声。不过，天鹅的数量越来越少，比以前少太多了。猎人"功不可没"，他们每个人都想猎到这样一只巨大而美丽的鸟。最终导致过多的天鹅被猎杀了。

现在，我们这里严禁猎杀天鹅。谁要是违反规定，就要交罚金，而且是一大笔罚金。

春·第三期

唱歌跳舞之月
5 月 21 日—6 月 20 日
太阳落入双子座

一年是一部分成十二个月的太阳诗篇

尽情唱歌跳舞吧

五月，让我们一起唱歌跳舞吧！春天正是这个时候才开始认真做自己的第三件事，给森林换上新装。也正是这个时候，森林里开始了快乐之月——可以尽情唱歌跳舞了！

太阳的光芒和温暖已经完全战胜了冬天的严寒和阴郁。在我们北方，晚霞和朝霞都能握握手了，因为白夜开始了。生命重新征服了大地和流水，到处都是蓬勃的生机和活力。新长出的叶子，泛着油油绿光，给高大的树木穿上了新装。数不清的飞虫飞向空中。每到黄昏，便有夜鹰和蝙蝠出来捕食这些飞虫。白天，燕子和雨燕在空中飞行，紧贴犁过的田地滑翔，鹰和鸢则在森林上空翱翔。在田野上方，红隼和云雀挥动着翅膀，好像被细线吊在云彩下面一样。

没装合页的大门打开了，住在里面的金翅蜜蜂飞来飞去，它们都是辛勤的劳动者。所有小动物——地上的黑琴鸡，水里的鸭子，树上的啄木鸟，森林上空如云彩般的鹬虻——全都又唱又跳，嬉闹玩耍着。五月，就像诗人所说的："俄罗斯的鸟儿和野兽正在快乐玩耍。肺草的叶子冲破了枯叶的束缚，为森林增添了一抹蓝色。"

五月的名称是怎么来的

俄语的"五月"为什么要带着"嘿"的词根呢？

这是因为五月时而温暖，时而寒冷。白天有太阳的照耀，而夜晚人们常常会感叹一句："嘿！真够冷的。"五月的热，让你觉得坐在灌木底下就是天堂；五月的冷，你给马一堆稻草，它也会靠上火炉。

森林要闻

欢快的五月

每个动物都希望展示自己的勇敢和力量，表现自己的灵敏。因此，不管是鸟儿还是野兽，牙都痒痒了，恨不能马上痛痛快快打上一架。空气中满是掉落的羽毛和兽毛。

森林的住户都显得急不可耐，要知道，这可是春天的最后一个月。

夏天很快就要到来，它们到时候关心的是巢穴和雏鸟。

乡下人很会形容："春天倒是想在俄罗斯多待几天，不过这一天总会到来，布谷鸟一叫，夜莺一开嗓子，就都一头栽进夏天的怀抱里了。"

森林乐队

夜莺在这个月会唱得分外起劲，不管白天黑夜，都能听到它的啼啭声。

孩子们都十分惊讶：那它什么时候睡觉呢？春天，鸟儿是没有时间睡觉的，它们的睡眠时间都很短，唱完一首歌后睡上一小会儿，再接着唱，半夜睡一小时，白天睡一小时。

趁着朝霞和晚霞，不只是小鸟，森林里的所有动物都会唱歌玩耍，能唱什么就唱什么，能怎么玩就怎么玩。你会听到响亮的叫声、小提琴声、鼓声、长笛声、狗吠声、咳嗽声、噪叫声，还有吱吱声、呜嘿声、嗡嗡声、咕噜声、呱呱声。

苍头燕雀、夜莺和歌鸫的歌声响亮清澈。甲虫和螽斯吱吱叫着。啄木鸟敲得树木哆哆响，金黄鹂和白眉鸫的歌声如长笛般清脆。

狐狸和柳雷鸟吱吱叫着。狍子发出咳嗽般的叫声。狼呜呜嗥叫着。雕发出了啸声。黄蜂和蜜蜂嗡嗡叫着。青蛙一会儿咕噜咕噜，一会儿呱呱叫。

即使某只动物的嗓音不好听，它也不会感到难为情。每只动物都为自己挑选好了乐器。啄木鸟发现了能演奏的干树枝。它们把它当鼓来敲。它们不用小棍子，自己坚硬的嘴就是最好的鼓棒。

天牛晃动自己坚硬的脖子，发出嘎吱嘎吱的声音，这不就是小提琴家吗？

螽斯的爪子上虽然没长钩子，不过翅膀上却有锯齿，这样，它用爪子挠自己的翅膀也能演奏了。

草鹭把自己长长的脖子伸进水里，你看，它好像吹了一口气，水面发出扑通扑通的声音，整个湖面上都是嘈杂声，好像公牛的怒吼。

而沙锥鸟，连尾巴都当成乐器了，它朝天飞起，而后又脑袋朝下，向下冲去，还把尾巴张得很开。它的尾巴被风吹得咩咩作响，完全就像山羊在森林上空歌唱。

你瞧，每个演奏家都按照自己的喜好找到了心仪的乐器。

客人

在树和灌木下面，顶冰花像黄色的星星一样装饰着地面。

当树还光秃秃的，春天的阳光还能自由照射到地面时，顶冰花就出来了。在阳光的照射下，顶冰花开花了，旁边的紫堇也开花了。

看到紫堇开的第一束花是多么让人心情愉悦啊！你看，它的花怎么看都很美：长长的花柄上开着神奇的紫色小花，几朵凑成一束，挤在一个花梗上，灰蓝色的叶子好像是被刀子雕刻的一般。

现在，顶冰花和紫堇茂盛的时节已经过去。树阴变得非常浓密，已经不适合这两种花继续生存下去，它们只好回家去了。它们的家乡在地底下，它们现身地面，只是来做客。散播完种子之后，它们就消失得无影无踪了。不过，在地下的深处，小小的鳞茎和圆圆的根瘤会度过整个夏天、秋天和冬天。

如果你想把它们移植回家，趁它们晚开的花还没凋谢，现在就得挖。挖的时候一定小心，还要有耐心。不要看这些植物个头很小，它们地下的白色根茎常常会大得令人吃惊。

你挪的时候一定要记住，如果是在冻土很深的地方，我们的客人顶冰花和紫堇也会埋藏得很深，如果是在温暖和有覆盖物的地方，它们的埋藏位置就比较浅。

巴甫洛娃

田野里的声音

我跟一个同事去田里除草。我们轻手轻脚地往前走，听到从草丛里传来了声音："去除草！去除草！去除草！"

我对同伴说道："我们现在不就是去除草吗？"那边还在自说自话："去除草！去除草！"

我们经过一个水洼，里面的青蛙从水里伸出嘴来，一边鼓动耳朵后面的鼓膜，一边叫。其中一只叫着："傻瓜！傻——瓜——瓜！"另外一只回应它："你也是！你也是！"

我们继续朝田野走去，路上遇到了几只长着圆形翅膀的凤头麦鸡。它们从我们头顶飞过，朝我们喊："你们是哪儿人？你们是哪儿人？"一会儿又喊起来："你们是哪儿人？你们是哪儿人？"我们回答说："我们是克拉斯诺亚尔斯克村的。"

森林记者　库罗奇金

鱼的声音

有人把水下的录音在电台播放了。扬声器里传来人们从未听过的声音，一下子就把房间里的人声给淹没了。有震耳欲聋的尖叫声，有嘎吱嘎吱的刺耳声，还有不知什么发出来的呻吟声和哼哼声，忽然又传来一声特别深沉的嘎嘎声和震耳欲聋的唧唧声。这些都是黑海里不同鱼类发出的声音。每种鱼都有自己的声音，很容易跟水底其他王国居民的声音区别开来。

现在，多亏人们发明了特别的水声仪器——灵敏的海底"耳朵"。我们确信，海底世界根本就不是沉寂无声的，鱼类也不是哑巴。将来，这会有很重要的现实意义：在水下收集器的帮助下，人们能知道值得捕捞的鱼的位置，了解它们的迁徙方向。到那时，知道了鱼的位置，不用再靠运气瞎捕一通了。也许，人们还能学会模仿鱼的声音，依靠这种方法来捕鱼呢。

花粉屋顶

花粉是花朵中最娇弱的部分，如果被打湿，就会腐烂。不管是雨水，还是露珠，都是它们的敌人。那么，怎么才能保护花粉不被雨水或露珠打湿呢？

铃兰、欧洲越橘和普通越橘的小花都像下垂的小铃铛，因此，它们的花粉都是被"屋顶"遮盖着的。

睡莲的花朵是朝天开放的。不过睡莲的每个花瓣都像勺子一样朝内弯着，而且所有的花瓣都相互覆盖，层层叠叠。因此，不管从哪个方向看，都是个圆滚滚的闭合球。雨水敲打得花朵啪啪响，而里面，一滴雨滴都不会落到花粉上。

凤仙花现在还都是蓓蕾，所有的小花都藏在叶子底下。你看，它们多聪明啊，每朵花的花茎都紧紧靠在叶柄上，这样，花朵就能牢牢待在"屋顶"下面，避免被雨淋到了。

野蔷薇也有很多雄蕊，如果是下雨天，它就会闭合自己的花瓣。碰上坏天气，睡莲也会合上自己的花瓣。

而毛莨则是垂下自己的花朵。

巴甫洛娃

森林夜游

有个森林通讯员给我们写信说：

"夜里，我在森林里行走，想听听夜晚森林里的各种声音。我听到了不同的声音，至于是谁的声音，我也搞不清楚。那么，我怎么才能在《森林报》里描述它们呢？"

我们给他回信说："你描述一下自己听到的声音，我们会尽力搞清楚到底是哪种动物的。"

这不，他给编辑部寄来了这样一封信：

"说实话，我夜里在森林里听到的声音乱七八糟，一点都不像你们写的如同乐队的演奏。

"鸟类的歌声逐渐沉寂下去，最后是完全的宁静。已经半夜了。忽然，有声音从空中传来：就像拨动低音弦发出的嗡嗡声。最初，声音很轻；后来越来越响，十分雄厚低沉；然后，声音越来越小，直到彻底听不见。

"我想：'开了个好头，即使只有一个单弦，作为开场已经不错了。'森林里忽然传来了：

"'哈——哈——哈！呵——呵——呵！'这声音够可怕的，我浑身的汗毛都竖了起来。

"'也许，'我想，'这是祝贺音乐家，朝着他哈哈大笑呢！'

"而后又是一片寂静。过了很久，我甚至觉得不会再有其他声音了。

"接着，我听到好像有人在给留声机上弦，上啊，上啊，上啊，就是没有音乐出来。'难道是他们的留声机坏了？'我想。上弦声停下来了。周围又安静起来。然后又响起了上弦的声音：'特尔尔——雷尔尔——雷尔尔——雷尔尔！……'无止无休，甚至都让人生厌了。

"又开始上弦了。'嗯，'我想，'现在该放唱片了，演奏马上就开始。'

"忽然传来了鼓掌声，声音很大。

"'怎么回事？'我想，'还没人演奏呢，竟然鼓起掌来了。'

"就这样结束了。然后又响起了给留声机上弦的声音，什么音乐也没演奏，就鼓起了掌。我觉得很生气，立马回家去了。"

必须说，我们的森林记者没必要生气。

他听到的单弦演奏声，应该是有种甲虫从他头顶飞过。大概是五月金龟子。

让他毛骨悚然的哈哈笑声应该是大猫头鹰发出的。它的声音就是这样不讨喜，不过你也拿它没办法。

特尔尔——雷尔尔——雷尔尔——雷尔尔！这样的上弦声应该是夜鹰的叫声，它也是昼伏夜出的鸟，不过一点儿都不凶残。当然，夜鹰根本没有留声机，这是用嗓子发出来的，只是给人的感觉像演奏罢了。

鼓掌的也是夜鹰。不过不是真的鼓掌，而是它的翅膀扇动空气的声音——呼——呼——呼！非常像热烈的掌声。

那它为什么要这样做呢？编辑部也没法做出解释，我们也不知道。

也许，只是因为它太高兴了。

嬉戏和舞蹈

灰鹤正在沼泽地里开舞会。

你看，它们聚集成圈，其中的一两只走到中间，开始舞动双脚。

最初没什么好看的，只有长腿跳来跳去罢了。接下来就精彩了：它们完全放开来，跳得越来越起劲，你看到它们跳出的舞姿会笑破肚皮！它们转了个圈，跳起来，踢下腿，又蹲了下去——简直就是踩着轻盈的高跷跳特列帕克舞。站在周围的灰鹤，均匀地打着节拍，鼓着翅膀。

而猛禽的嬉戏和舞蹈则是在空中进行。

雄鹰的舞姿最为特别。

它们一直向上飞，飞到云端的位置，在那里展示自己出奇的灵活性。有时，它在那里一下子收住翅膀，像石头一样从令人眩晕的高度垂直落下，就在落地的瞬间，马上展开双翅，来个大盘旋，再立马朝高空飞去。有时，它在极高的空中一动不动，张着双翅停留在那儿，就好像有根线把它吊在云彩上一样。有时，它还在空中翻个跟斗，真称得上是空中杂耍家。它一边翻跟斗，一边向下落，快到地面时，来个翻转，就像打了个"死扣"，翅膀挥得呼呼作响。

最后一批迁徙回来的鸟

春天马上就要结束了。在南方过冬的最后一批鸟已经回到我们列宁格勒州。

正如我们预料的，这些鸟儿穿着最鲜艳、满是斑点的衣服。

现在，牧场开满了鲜花，灌木和树木长满了新鲜的绿叶，这些鸟已经能很容易地隐藏在里面，躲避野禽猛兽的追捕。

有人在彼得宫的小河上看见了翠鸟。它们穿着翠绿、褐色、天蓝三色相间的大衣，是从埃及飞来的。

长着黑翅膀的金黄鹂正在小树林里唱歌，它们的歌声就像长笛的笛声，又像瘦得难看的女人的尖叫声。它们是从南非飞回来的。

在潮湿的灌木丛里出现了长着蓝色胸脯的蓝点颏和长着斑点的石即鸟。沼泽里也出现了黄鹡鸰（金鹡鸰）。

长着五颜六色羽毛的红尾伯劳、脖子上戴着松软羽毛围巾的流苏鹬，以及绿蓝色的蓝胸佛法僧鸟也都飞回来了。

长脚秧鸡徒步走回来了

在有翅一族中有种长得奇怪的物种，名叫长脚秧鸡，它从非洲徒步走回来了。

长脚秧鸡身体笨重，飞得很慢。在森林里，鹞鹰或者雄鹰很容易就能抓到它。

不过，长脚秧鸡跑得极快，非常擅长在草丛中藏身。因此，它宁愿步行穿过整个欧洲，无惧广阔的草原和层层叠叠的灌木丛。只有必要时，它才张开双翅飞行，不过也只在夜里。

现在，长脚秧鸡已经回到我们这里，藏在高高的草丛里，整天高声地叫着：

"可雷克——可雷克！可雷克——可雷克！"

不过也只能听到它的声音，如果你想把它从草丛里吓出来，看看它长什么样子，那我劝你还是连试都别试了！

对谁笑，对谁哭

森林里的一切动物、草木都在开心行乐，唯独白桦树在哭泣。

在太阳光线的强烈照耀下，桦树汁在整个树身里面越流越快，有些通过树身上的洞流到了外面。

人们认为桦树汁是一种对身体有益且美味可口的饮品。因此，人们会切开树皮，用瓶子收集桦树汁。

流失太多汁液的树木会枯萎死掉，因为这些汁液对它们的重要程度，就如同血液对我们的重要程度一样。

松鼠喜欢吃肉

松鼠整个冬天都以植物为食。不是啃松果，就是吃秋天准备的蘑菇。现在它可以开开荤了。

很多鸟儿在树上建了巢，产下了蛋。有些甚至都已经孵出了雏鸟。

这下子可便宜了松鼠：它在树枝或树洞里的鸟巢上窜来窜去，从里面掏雏鸟和鸟蛋吃。

在破坏鸟巢这件事上，松鼠这种可爱的啮齿动物毫不逊色于任何野兽。

我们这里的兰花

这种有趣的花在我们北方很少见。当你看到它们时，会不由自主地想起它们著名的亲戚——生长在热带雨林的蝴蝶兰。那里的兰花都是长在树上，我们这里的兰花却是长在地上。

我们的很多兰花都长着奇特的根，样子像一个个伸着手指头的小手，全都胖乎乎的。有的花长得很好看，但有的花却其貌不扬。不过你看手参、舌唇兰、角盘兰，这些花全都散发着让人心醉的芳香！

我们的兰花当中有一种最神奇的，我前几天在罗普沙这个地方第一次见到。在这种我从未见过的植物上长着五朵漂亮的大花。我把一朵花竖起来，立即厌恶地缩了手。我看到一只长相奇怪的红褐色苍蝇正坦然地坐在花上。我用小麦穗拂了拂它，结果它连动都没动。我定睛一看，原来不是苍蝇。

它长着天鹅绒般的身体，上面带着天蓝色的斑点，还有毛茸茸的短翅，外加一对触角。不过，虽然长的是这个样子，却不是苍蝇。我那时还不知道，这是苍蝇兰花的一部分。

巴甫洛娃

去找浆果吧！

草莓熟了！如果走运，会在向阳的地方看到熟透了的草莓，红彤彤的，每一颗都是那么甜，那么香！如果咬上一口，很久都不会忘记它的味道。

黑果越橘也熟了。而沼泽地里的云莓也在成熟。黑果越橘丛中往往会结很多果子，而草莓每棵一般都不会超过五颗果子。云莓结的果子最少，在每个内茎的顶端才有一颗果子，而且并不是每棵云莓都会结果，剩下的都是谎花①。

小胖甲虫

我找到一只甲虫，却不知道它叫什么名字，该用什么喂它。

它的样子跟瓢虫很像。只不过，瓢虫是红色的，身上还长着白点，而这只甲虫通身都是黑色的。它圆嘟嘟的，只比豌豆大一点，长着六只爪子，也能飞行。它的背上长着两个黑色的大翅子，下面是柔软的黄色翅膀。它把黑色的翅膀一抬，再张开黄色的翅膀，就能飞起来。

有趣的是，当它遇到危险时，会把六只爪子往肚子上一收，把触须和脑袋一缩，整个好像藏起来了一样。如果你把它抓在手里，无论如何都不会把它看作甲虫。这时，它看起来更像一颗小小的黑色水果糖。

经过一小会儿，如果没人动它的话，它会先伸开爪子，然后再伸出头和触角。

请您告诉我，这到底是什么甲虫？

留霞·柳托尼娜，12岁

编辑部的解释

你把这只甲虫描述得如此形象，我们立即就猜到它是什么了，这是阎甲科甲虫，名叫麦椿象。它就像乌龟一样，爬行得很慢，喜欢藏在自己的甲壳里。它的甲壳里面有很深的凹处，可以把自己的小爪子、脑袋和触须收在里面。

阎甲科有很多不同的甲虫种类——既有黑色的，也有其他颜色

---

① 专有名词，指植物的雄性花，不结果的花。

的。它们以植物和畜粪为食。

有一种阎甲虫是黄色的，浑身都毛茸茸的，住在蚂蚁窝里。它喜欢飞来飞去，不过最后还是会飞回自己的蚂蚁窝里。蚂蚁不去招惹它，蚂蚁会保护自己的窝，也让这位阎甲虫房客免受天敌的侵扰。

毛脚燕的巢

5月28日

邻居家的屋檐正对着我家的窗户，毛脚燕开始在下面筑巢了。我感到非常高兴，现在能看到毛脚燕是如何建自己的小圆房子了。至于它们如何开始、如何结束，我现在都能看得一清二楚。它们什么时候孵小燕子，怎么喂小燕子，我也能知道了。

我自己观察着这些燕子去哪里找建窝的材料：原来，它们是去村庄中央的小溪里找的。它们飞到那里，直接落到岸上，紧靠水边，用嘴从里面啄到黏土后，再快速飞到邻居家的房子。它们轮流换班，把黏土啄来粘到墙上，然后立即飞出去啄新的泥土。

5月29日

很可惜，不只我一个人对新建的房子感到兴奋，为此高兴的还有附近的一只猫，它叫费多谢齐，是只脏兮兮的灰色流浪猫。它在跟其他猫打架时被弄瞎了右眼。它从早上就在屋顶上爬。

它一直观察着飞来飞去的燕子，时不时瞅一眼屋檐下面，看看鸟巢有没有做好。

燕子被吓得尖叫起来，在这只猫没从屋顶上离开前，它们不再筑巢了。难道它们要永远从这儿飞走吗？

6月3日

这些天，燕子一直在忙着建造窝下面的基底，形状像个窄窄的镰刀。费多谢齐经常爬到屋顶上吓唬它们，让它们无法再继续建下去。今天下午，燕子没再飞来。显然，它们抛弃了这个未成形的家。它们会找个更加安静的地方，不过我再也看不着了。

可惜，真是太可惜了！

6月19日

天气一直都很炎热。屋檐下面的黑色"镰刀"干后成了灰色。燕子再也没有出现。白天，乌云布满了天空，银色的大雨倾注而下。这是真正的瓢泼大雨！窗户外面好像挂着玻璃丝制成的厚帘子一样。街上的雨水汇集成一条条小河，向前奔驰而去。不管从哪都无法蹚过村中心的那条小河。它就像发了疯一样，不断地往外溢水，泛着褐色的波浪，而两岸变软的黏土已经能把人吞没到膝盖处。

雨刚停，风还在呼呼刮着，燕子就飞到了那个镰刀状的已见雏形的鸟巢上，它在那里待了一会儿就飞走了。

我想："也许，它们这些天没来，并不是因为害怕费多谢齐，而只是因为找不到潮湿的泥土。也许，它们还会飞回来。"

6月20日

飞来了，飞来了！不过不是一对燕子，而是一群，整整一队。它们在屋顶上盘旋，看一眼鸟巢，而后又激动地叫起来，好像在争论着什么东西。

它们争论了大约十分钟后，又都立即飞走了。只剩下了一只。它用爪子勾住镰刀形状的泥巢，坐在那里一动不动，只是用嘴啄啄这儿，啄啄那儿，好像在用唾液粘泥土。

我相信，这是只雌燕子，是这个巢的女主人。因为雄燕子很快也飞来了。它把泥土吐到了雌燕子嘴里。雌燕子继续忙着筑巢，而雄燕子则飞去啄新的泥土。

那只猫费多谢齐又上了房顶。不过燕子不再害怕它，不再喊叫了。它们一直忙到太阳落山。

这意味着，我还能看到鸟巢！只是希望费多谢齐的爪子够不到屋檐。不过燕子想必知道该在哪里建巢。

摘自少年自然界研究员维里卡的日记

斑姬鹟的巢

五月中旬的一天，晚上大约八点钟，我在花园里看到了一对斑姬鹟。它们站在棚子顶上，旁边有棵白桦树，我在上面挂了一只桶形鸟巢，上面没盖盖子。过了一会儿，雄斑姬鹟飞走了，而雌斑姬鹟留了下来。雌斑姬鹟落到鸟巢上，不过没有飞到里面去。

两天后，我又看到了雄斑姬鹟。它爬进了鸟巢，而后又落到了苹果树杈上。

欧亚红尾鸲飞来后，两只鸟打了起来。这也说得通：欧亚红尾鸲和斑姬鹟都喜欢用树洞做巢。欧亚红尾鸲想抢夺斑姬鹟的巢，不过斑姬鹟成功捍卫了自己的家园。

雌斑姬鹟在鸟巢里住了下来。雄斑姬鹟一直在唱歌，时不时钻进鸟巢里面。

一对苍头燕雀飞到了桦树顶上，不过，雄斑姬鹟并没有注意它们。这也可以理解：苍头燕雀并不是斑姬鹟的对手，它们会给自己建窝，不会住进桶形鸟巢，况且，两种鸟的食物也不同。

又过了两天。

早上，麻雀朝着斑姬鹟的窝飞过来。雄斑姬鹟从后面扑了过去。

鸟巢里发生了一场恶战。

我跑到白桦树跟前，用棍子敲了敲树干。麻雀从鸟窝里蹦了出来。而雄斑姬鹟却没飞出来。雌斑姬鹟在鸟窝旁边盘旋，十分担忧地叫着。

我很担心雄斑姬鹟会被啄死，便往鸟巢里看了一眼。

雄斑姬鹟没有死，不过已经奄奄一息，窝里有两个蛋。

雄斑姬鹟在窝里坐了很长时间，当它从里面飞出来时，已经十分羸弱。它落到地上，母鸡又来追它。我怕它遭到不幸，便把它带回家，开始逮苍蝇喂它。晚上，我又把它放回了鸟窝里。

七天后，我再次看了看鸟窝。一股腐烂的味道直冲鼻子。我看到雌斑姬鹟正坐在蛋上。雄斑姬鹟在旁边躺着，紧紧挨着鸟窝的壁。它已经死了。

不知道是因为麻雀又来入侵了一次，还是因为第一次的打斗让它死掉了。

雌斑姬鹟并没有飞走，甚至当我把死掉的雄斑姬鹟从窝里拿出来时，它还在那里孵蛋。

森林通讯员　瓦洛嘉·贝科夫

追踪报道

森林中的战争（续）

你们还记得吗？我们的记者曾经前去林中砍伐后留下的空地。他们日复一日地等待着这片空地慢慢变绿，等待着地上长出嫩嫩的云杉树。

事情也确实是这样发展的：下过几场温暖的雨后，有一天早上，这个空地变绿了。不过，破土而出的是什么啊？

完全不是小云杉。是不知从哪儿来的草类，长得十分茂盛。原来是苔草和拂子茅。它们长得又快又茂密。无论小云杉再怎么齐心协力地破土出来，也已经迟了，这片空地已经被杂草大军占领了。

第一场战争就这样开始了。

小云杉就像尖锐的长矛一样，艰难地穿过层层叠叠的杂草。而倔强的草类大军则尽全力顶住小树的压力。地下和地上的战斗打响了。

可恶的田鼠在地下翻刨杂草和小树坚强的根系。它们相互交错缠绕在一起，为争夺满是养分和有益盐分的地下水，相互排挤、扼杀对方。很多小云杉苗甚至没有机会见到阳光，因为杂草的小根又细又密，十分坚韧，将还未破土而出的云杉树苗扼杀在土里。

而那些勉强挤出地面的小树苗也被草茎挤压得难以呼吸。

只有极少数的云杉树苗能够顺利战胜力量不可估量的杂草。

空地上的战斗已到白热化阶段：河对岸的白桦树开花了，山杨也做好了远征的准备，它们的种子要登陆到河对岸，占领那片空地。

柔荑花序张开了穗子，从每个花序上都飞出来数以百计的微小种子，俨如一个个独脚伞兵，头上都带着白色的冠毛降落伞。

风快乐地刮起它们的冠毛，茸毛在空中旋转飞舞着，像一团白云一样飞越河流。"云团"纷纷扬扬地落满整个空地，一直到云杉林的边缘。

独脚伞兵像雪花一样，落到了小云杉树苗和杂草的头顶上。第一场雨把它们打落到地上，埋进土里，它们便很快消失得无影无踪了。

日子一天天过去。采伐迹地上的战斗还在继续。不过看得出来，杂草还是没有打败云杉树苗。

杂草竭尽全力地往上长，长到一定高度就不再长高了，而云杉却还在继续生长。

这时，杂草一族的日子就不太好过了。小云杉树在它们头顶上张开深色的树枝，夺去了它们的阳光。杂草在树阴里很快就枯萎了，全都无力地趴到了地上。

不过从地里又钻出来另外一支队伍，是小山杨树苗。它们三三两两地钻出地面，战战兢兢地蜷缩在一起，从头到脚都颤抖着。

不过它们也来迟了，没法与云杉相抗衡了。

云杉在它们头顶上伸展着深色的树枝，小山杨苗扎下根后，在树阴里很快就变得虚弱，枯萎了。

山杨非常喜爱阳光。没有阳光，它们根本没法生存下去。

云杉取得了胜利。

不过，又有新的敌军伞兵降落到采伐迹地上，它们乘着双翼小滑翔机，刚开始也被掩埋进土里，从地面销声匿迹了。这是白桦树一粒粒的种子。它们轻而易举地就飞越河流，在整片采伐迹地上安了家。

它们是否能够战胜第一批占领者——云杉种族呢？我们的记者暂时还不得而知。

在下一期《森林报》上，我们将继续刊载有关它们的最新报告。

集体农庄新闻

集体农庄庄员有很多事情要做：他们播完种，又把畜粪和矿物肥料运到田里，为来年的越冬作物整理好地。因此，田里到处都能闻到畜粪的味道。然后，他们又开始整理菜园，第一件事是种马铃薯，再种胡萝卜、萝卜、黄瓜、芜菁和卷心菜。地里的亚麻长高了，现在得给它们除除草。

孩子们也没闲坐在农舍里。不管是在菜园里，还是在花园里，他们都能帮上不少忙。他们帮忙播种、除草、修剪树枝。集体农庄里的农活可真够多的！农庄庄员正在准备整年的桦条帚①，还忙着采摘嫩嫩的荨麻。荨麻是为菜汤准备的，加上荨麻和酸模后，菜汤会变得异常美味。他们还忙着捕鱼：像欧鳇、拟鲤、红眼鱼、鲈鱼、梅花鲈、小欧鳊、小雅罗鱼等得用钓鱼竿钓；而捕江鳕、小狗鱼则要用编织网或鱼笼捞；需要用鱼饵的有鲈鱼、狗鱼、江鳕。

每到晚上，他们就用大的口袋网捕各种各样的鱼。

夜里，农庄庄员们把捕虾笼放到水里后，便坐到篝火旁，等待捕虾笼里的虾越积越多。他们一边等，一边聊，话题多种多样，既有惹人发笑的，也有让人害怕的。

每到黎明时分，新种的庄稼地里就听不到灰沙鸡的叫声了。秋天播下的黑麦已经长到齐腰高；春种的庄稼也在生长。

野沙鸡还是住在那儿，不过不能再叫唤了。旁边就是沙鸡窝，鸡窝里有蛋，沙鸡妈妈正在孵蛋。现在必须保持安静，否则会有灾祸随声而来：要么是鹞鹰，要么是小孩子，或者狐狸，不管哪一个

---

① 俄罗斯人洗蒸气浴时喜欢用桦条帚抽打身体，认为这对健康有好处。

都是捣毁鸡窝的能手。

我们帮大人做事情

假期一开始，我们的少先队中队就开始帮集体农庄庄员做事情，帮大人们除除杂草，灭灭害虫。

我们既得到了休息，也参与了劳动，效果非常好。

我们前面还有很多事情和任务。很快就要开始收割庄稼了。我们将负责捡麦穗，帮女集体农庄庄员捆麦子。

森林记者　安娜·尼基蒂娜

逆风是好帮手

亚麻地给"突击队"集体农庄送来了一份申诉书。亚麻幼苗抱怨说，田地里长出了它们的天敌——杂草，它们都无法生存下去了。

集体农庄派去了女农庄庄员去帮忙。她们清除杂草时，对待亚麻十分爱护。她们都脱了鞋，光着脚走在地里。她们迎着风，动作十分小心。不过女农庄庄员脚下的亚麻仍然匍匐在地上。一阵逆风吹来，亚麻的茎立马又变得绷直，全都直立起来。亚麻重新站了起来，好像什么都没发生，不过它们的敌人已被消灭殆尽。

今天是第一次

一群小牛被赶到牧场上，全都撒起了欢，一边跑，还一边摇着尾巴。

给绵羊剪毛

在"红星"农场的剪羊毛室里有十个经验丰富的剪毛能手，他们正在用电动推子给绵羊剪毛。他们剪毛的动作好像扒皮一样，绵羊身上的羊毛被整个地剪了下来。

谁是我的妈妈?

当牧羊人把剪了毛的绵羊妈妈放回小羊羔身边时,小羊羔们纷纷疑惑起来:

"你在哪儿?妈妈,你在哪儿?"羊羔们咩咩叫着,好像在发泄自己的不满。牧羊人帮每个小羊羔找到了自己的妈妈,而后又去剪羊毛室帮另外一批绵羊剪毛。

牲畜群不断壮大

集体农庄里的牲口群日渐壮大。今年春天有多少小马、小牛、小绵羊、小山羊、小猪出生啊!

小河村有个学生家里养了一只羊。就在昨天夜里,他家的山羊数量就增长了三倍。以前,他家里只有一头母山羊,现在变成了四头:山羊妈妈库玛申卡,还有三只山羊宝宝,分别叫库兹亚、木扎和什卡里克。

欣欣向荣的日子到了

果园里一片生机勃勃。草莓开花了,四周全是樱桃树白如雪的小圆花。而傍晚,梨树的蓓蕾也全都绽放开来。再过一两天,苹果树也要开花了。

在集体农庄里的新生活

昨天,南方的蔬菜番茄搬进了新家,搬到了靠近池塘的那块新开垦的地上。它们搬家之前住在温室里。农庄庄员还在它们旁边种了黄瓜。番茄已经长成了青少年,结结实实的,正准备开花。黄瓜苗还是小婴孩，正躺在自己白色的暖被里，只露出了前面的一点点小嘴。有大地母亲的保护，贪婪鸟儿的眼睛发现不了它们。黄瓜苗能来得及长高，追上番茄吗？

帮助六腿小动物

提到与农业相关的昆虫，我们首先会想到一群个头很小却极其可怕的农作物天敌。不过，我们同样不能忘记，有很多长着六条腿的朋友正在我们的田地里劳动。我们不要忘记，它们在为植物授粉这件事上发挥着多么大的作用啊！很多长着六条腿的飞虫，例如蜜蜂、熊蜂、姬蜂、甲虫、蝴蝶，会把花粉从一朵花带到另外一朵花上，帮助黑麦、荞麦、大麻、苜蓿、向日葵授粉。

不过，这些小小的工作者没有足够的力气完全满足我们所有授粉作物的要求。那时我们必须要自己动手帮助它们。

给黑麦、荞麦、大麻、苜蓿授粉必须用拖绳法。两个人拽住一根绳子的两端，一边压着，一边扫过这些开花的植物的顶端。这时，花粉从花朵上落下来，被风吹着飘散在整片田地里。有的会粘到绳子上，也会被带到别的花上。如果要给向日葵授粉，必须先用一块兔子皮收集花粉，然后再把这些花粉撒到向日葵的花盘上。

城市新闻

列宁格勒的驼鹿

5月31日一大早，有一只驼鹿出现在梅契尼科夫医院里。最近几年，这不是驼鹿第一次出现在城里。人们认为，这些驼鹿是从全伏尔加地区来到列宁格勒的。

用人类的语言解释

有位市民来到《森林报》编辑部说道：

"早上，我在公园里散步，忽然，不知是谁用尖尖的声音不断问我：'你看见特里什卡了吗？'那声音可真够大的。我看了一眼，周围没有人，只有一只全身通红的鸟站在一棵灌木上。我看了它一眼，心想：'这是只什么鸟啊？声音真清脆。不过它到底问的是哪个特里什卡呢？'而这只鸟继续重复自己的问题：'你看见特里什卡了吗？'我朝它走了一步，想近点儿看看它长什么样子，它扑棱一声，飞进灌木丛后，立马没了踪影。"

这位市民看到的鸟叫朱雀。它是从印度飞来的。它的叫声确实像问问题。只不过，如果用人类的语言来解释，每个人都有自己的说法。有的人是："你看见特里什卡了吗？"另外一个则是："你看见格里什卡了吗？"

来自大海的客人

最近几天，胡瓜鱼纷纷从芬兰湾涌进涅瓦河，它们要在这里产卵。渔夫累得筋疲力尽，因为有太多的鱼往他们网里钻。

胡瓜鱼产卵后，又会回到海里。

来自海洋深处的客人

海洋里的很多鱼都会洄游到河里产卵。等到幼鱼从卵里孵出来时，它们又会从河里返回大海。

不过只有一种鱼是出生在海洋深处、生活在河流里。这种鱼出生在大西洋的马尾藻海。

这种令人惊奇的鱼叫叶状仔鳗。

是不是没听过这样的名字？

不用奇怪，这种鱼小时候生活在海里才叫这个名字。

那时，它全身都是透明的，甚至连细细的肠子都能看到，从侧面看像一片树叶。等它慢慢长大，会变得像蛇。

到这时，每个人都会记起它真正的名字——鳗鲡。

叶状仔鳗会在马尾藻海里生活三年，而后会变成幼小的玻璃鳗。

现在，玻璃鳗成群结队地涌进涅瓦河。

从大西洋深处的家乡到涅瓦河，它们足足游了两千五百多公里。

学飞

如果你在公园里散步，或者走过街道或街心花园，请你抬头看看：小心会有只小乌鸦或椋鸟从树上掉到你头顶上，或者会有小寒鸦或小麻雀从屋顶上掉下来。它们现在刚离开窝，才开始学飞呢。

斑胸田鸡经过城市

这几天，郊区的居民半夜会听到一阵断断续续的低沉叫声："弗泣——弗泣！……弗泣——弗泣！"叫声最初从左边的一个水沟里传来，后来从另外一个水沟也传来。这是斑胸田鸡路过。这种生活在沼泽里的鸡,长得很像长脚秧鸡,也跟长脚秧鸡一样,步行穿过整个欧洲来到我们这里。

找蘑菇

一场温暖的雨过后,你可以去郊外找蘑菇,红菇、桦树菇、白蘑菇都从地下长出来了。这是夏天的第一批蘑菇,统统被称为抽穗菇。它们有这样的名字是因为这种蘑菇出现时,恰逢黑麦抽穗。它们很快就会消失,等到夏末,你就别想再看到它们的身影。如果你看到花园里丁香花凋谢了,这意味着春天已经结束,夏天到了。

活云

6月11日,很多人在列宁格勒市的涅瓦河畔散步。这一天,万里无云,四周十分炎热。房屋和街上的沥青都变得十分灼热,人们觉得呼吸似乎变得困难起来。孩子们都在淘气地玩闹着。

突然,从宽阔的河面对岸飞来一大团灰色的云朵。

所有人都停下脚步,向那朵云看去:云飞得很低,紧贴着水面,人们看着它越来越大。

你看,它们发着沙沙的声音,飞入行走的人群当中。人们这时才看清楚,原来不是云,而是一大群蜻蜓。

瞬间,周围的一切都变了样子。

由于无数小翅膀的扇动,周围刮起了轻盈凉爽的微风。

孩子们也不再淘气了,全都兴奋地看着,当阳光穿过蜻蜓透明的彩色翅膀时,空气中闪烁着五彩斑斓的光芒。

行人的脸也一下子变成了彩色的:小小的彩虹、阳光的斑影、小星星都在上面跳跃着。

这朵带着生命力的云朵从河岸上空飘过,越升越高,最后在一排排房子后面消失了。

这是刚孵出来的小蜻蜓。它们聚集成一团，正忙着寻找新的栖息地。它们从哪儿来，又向哪儿去，没人知道。各个地方都会出现这样的蜻蜓群。如果你见到了这样的小蜻蜓群，请留意一下它们是从哪儿来、又飞往哪儿。

列宁格勒州出现了新野兽

最近几年，猎人在我们州叶菲莫夫和附近地区的森林里见到了一种连当地居民都不知道的野兽。这是乌苏里貉，或者简称浣熊。

它是怎么到这儿的？

原来是有人运来了五十只浣熊，把它们放养在我们这儿的森林里。十年之后，它们能繁殖出很多后代。

它们在我们这里不用冬眠，这跟它们在家乡的习惯不同，那里的冬天更加严寒。

鼹鼠

一些人认为，鼹鼠就像某种生活在地下的老鼠一样，是啮齿动物，在地下钻洞，吃植物的根。这是对鼹鼠的误解，它们根本不是老鼠，确切点说，更像是穿着柔软皮毛的刺猬。它们以昆虫为食，喜欢吃五月金龟子和其他害虫的幼虫，不会糟蹋植物。

不过仍有人抱怨说，鼹鼠会在他们的花园或菜园里挖所谓的鼹鼠洞，会毁坏鲜花和美味的蔬菜。如果这样，不用担心，在地里插一根长竿子，再在竿子顶部放个风车就行了。

刮风的时候，风车会转动，长竿子也会跟着颤动，并引起地面的颤动。这时，鼹鼠洞里会响起嗡嗡声，鼹鼠则会被吓得四散跑开。

自然界研究组组员　尤拉

蝙蝠的回声探测器

夏季的夜晚，如果窗子开着，蝙蝠会飞进来。

"把它赶出去，赶出去！"小女孩们尖叫起来，慌忙用头巾把头包住。而秃头的老爷爷则嘟囔着抱怨说："它是奔着窗内的灯光飞进来的，哪会钻进你们的头发里呢？"

就在不久前，科学家们还弄不明白，为什么蝙蝠夜里飞行时能找到路。

即使把它的眼睛蒙住，把它的耳朵堵住，它仍然能够在空中躲避开所有的障碍，甚至连绑在房间里的极细丝线，它也不会碰到。此外，它还能灵活躲避准备捉捕它的网子。

随着回声探测器的发明，人们终于揭开了谜底。现在可以确定，所有蝙蝠在飞行过程中都会用嘴发出超声波，它发出的这种叫声十分微弱，人类的耳朵听不到。这种超声波遇到任何障碍物都会反射，蝙蝠敏感的耳朵"接收"信号后，判断出"前面有墙"，那里"有丝线"，前面"是蚊子"。只有女孩子又细又浓密的头发不会反射超声波。

秃头老爷爷当然不会受到任何威胁，而长着浓密头发的小姑娘的确会被蝙蝠误以为是"窗内的灯光"，蝙蝠很可能会向她们中的一个飞过去。

林野特辑

我们的疆域辽阔。列宁格勒周围的春猎早已结束，而北方的河流才刚刚开始发春汛，打猎正当旺季。很多酷爱打猎的人都赶着去北方。

猎鱼

天空布满了乌云，今天的夜晚跟秋天一样，格外昏暗。

我跟塞索伊·塞索伊奇乘着小船穿过一条两岸高耸陡峭的林中小河。我拿着船桨坐在船尾，塞索伊坐在前面。

塞索伊·塞索伊奇是个全能猎人，无论是野兽，还是野禽，都难不倒他。他不喜欢钓鱼，甚至有点鄙视喜欢垂钓的人。尽管今天出来是为了钓鱼，不过他仍不改初衷，不用鱼钩、渔网或其他渔具捕鱼，而是猎鱼。

高耸的河岸已经被抛在身后，我们来到了被水淹过的宽阔河面，偶尔还能看到耸立在水面上的灌木梢。再往前是朦胧的树阴。继续往前是树林，如同墙壁一样立在那里。

每到夏天，这里便有一排灌木丛，如同狭窄的屏障一样，把小河与旁边的小湖隔开。小湖和小河之间有条窄窄的小溪连着。不过现在不必寻找这条小溪，到处都有足够深的水。小船继续在灌木之间穿行。

船头上有块铁片，上面摆着准备好的干柴和松明。

塞索伊·塞索伊奇划了一根火柴，点燃了这堆干柴。

浮在水面上的篝火散发着红黄色的火光，照耀着平静的湖面。小船边上是黑色的灌木枝，全都光秃秃的。

不过我们俩可没空四处闲看，都紧紧盯着下面，密切注视着被篝火照亮的湖面。我轻轻划动船桨，不把船桨抽离水面。小船悄无声息地向前行去。

周围是如梦幻般的世界。

我们划到了小湖。湖底好像有个巨大的怪物躺在泥里，只露出了一个头，乱蓬蓬的长发在水里来回晃动着。这是水藻，还是水草呢？

你看，这就像一个漆黑的深渊，没有尽头。也许，那里其实并不是很深，篝火的光只能传到水下不到两米的地方。不过单是看一眼这样的无底深渊就觉得很恐怖，感觉会被它吸进去。

你看，有个银色的小球正从黑暗的深处慢慢升起，后来速度越来越快，体积也越来越大。

不一会儿，它就朝着我的眼睛飞过来，最后蹦出水面，打到了我的额头。

我不自觉地把头缩回来。

这个小球变成红色，冲出水面后就破裂了。

这只是一个沼泽气体形成的气泡。

我仿佛坐在一艘宇宙飞船上，正在一个陌生的星球上飞行。下面的小岛一个接一个地过去，上面长着浓密的直立树林——难道是芦苇？

黑色怪物把身体蜷缩得像个钩子，粗糙的触手朝我们伸过来。这个怪物长得既像章鱼，又像鱿鱼，不过它的触手更多，看起来也更加丑陋和可怕。到底是什么呢？

原来只是一棵沉在水底的白柳，下面全是缠绕在一起的树根。

塞索伊·塞索伊奇的动作让我抬起了眼睛。

他站在小船上，左手拿着鱼叉①——塞索伊·塞索伊奇是个左

---

① 在我国（苏联）的一些州，已经禁止用鱼叉捕鱼。——原注

撇子。

他双眼紧紧盯着水面，看起来很有神采。他这样子俨然就是个最骁勇善战的士兵。似乎，这个长着胡子的小个头士兵想用长矛攻击匍匐在自己脚下的敌人。

鱼叉的手柄有两米长。它的下端有五个锯齿，每个锯齿上都带着豁口，从一旁看过去，还微微泛着银光。

塞索伊·塞索伊奇把被篝火烤红的脸庞转向我，做了个丑陋的鬼脸。我仍然留在船上。

猎人开始谨慎地把鱼叉插入水中。我向下看，只注意到水的深处有一条很直的深色带子。刚开始，我以为是根棍子，后来才明白，原来是条大鱼的脊背。

塞索伊·塞索伊奇慢慢把鱼叉斜着插进水里，而后忽然让鱼叉静止在水里。

忽然，他把鱼叉朝下一插，用力插进了大鱼黑色的鱼背。

水好像沸腾了一样，翻起了水花。塞索伊捕到了猎物，鱼叉的锯齿上挂着一条圆腹鲦，大约有两公斤重。

我们继续向前划。很快，我看到了一条不是很大的鲈鱼。它一动不动浮在那里，头藏在灌木丛里，似乎陷入了深思。

我看了一眼塞索伊·塞索伊奇，他不赞同地摇了摇头。

我明白，这条鱼太小了，根本入不了他的眼。我们便放了这鱼一条生路。

我们就这样在小湖里继续划着。水下王国的迷人画卷在我眼前展开，连猎人要捉捕自己的野味，我都顾不上停下小船，把视线从这美景上拉回来。

还有一条圆腹鲦、两条大鲈鱼、两条金黄色的细鳞从湖底游到了我们船底。黑夜即将结束，现在，我们划进了田里。正在燃烧的木柴碎片和红彤彤的炭块掉进水里，发出一阵阵咝咝声。头顶上空偶尔会传来几声鸭子扇动翅膀的声音，不过却看不到它们的身影。在昏暗的森林小岛上，有只小花头䴙䴘在用温柔的声音告诉大家："斯普留！（我睡了）斯普留！（我睡了）"灌木丛后面有只绿翅鸭正在唱着悦耳动听的歌。

在船头前面的水里有根短原木，我把它推到一边，防止小船撞上去。忽然，我听到塞索伊·塞索伊奇略微凶狠的喊道：

"停！……停！……狗……狗鱼！"

他因为激动，发音都有点不清楚了。

鱼叉的上端拴着一根绳子，他灵巧地把绳子缠在手上，全神贯注地瞄准。过了很长时间，忽然，他把手中的鱼叉谨慎地插入水中，用尽全力朝狗鱼插了过去。

这条狗鱼竟然拖着鱼叉向前走了一段路，不过幸好，鱼叉的锯齿插得很深，没被挣脱掉。

这条狗鱼得有七公斤重。

最后，塞索伊·塞索伊奇终于把狗鱼拖上了船，天也破晓了。琴鸡响亮的叫声穿过薄雾，从四面八方传了过来。

"好了，"塞索伊·塞索伊奇高兴地说道，"现在，我来划桨，你去打猎，不要放跑了猎物。"

他把剩下的干树枝扔进水里，我们在船上换了个位置。早上的清风赶走了雾气。周围的一切变得美丽、明亮。

我们沿着森林边缘继续向前划。树上好像都蒙上了一层绿色的薄雾。光滑的白色桦树干和粗糙的深色云杉树干笔直地矗立在水中。如果从远处看，整片树林好像是挂在空中一样。如果你从近处看，眼前有两片森林在水中晃动：其中一片的顶端朝上，另外一片的顶端朝下。水面像镜子一样，将深色和白色的树干倒映其中，却又来

回荡漾着，将倒映在水中的细树枝打得支离破碎。

"准备！"塞索伊·塞索伊奇用耳语提醒我说。

我们沿着银色的水面朝白桦树林划过去。一群黑琴鸡正坐在光秃秃的树梢上。令人惊讶的是，尽管这些鸟又大又沉，却没把细细的树枝压断。

在明亮天空的映衬下，黑琴鸡肥胖的身体泛着黑光。它们的头都很小，尾巴很长，后面好像扎着两个小辫子。雌琴鸡的颜色发黄，看起来更加简洁、轻盈。

在水下的森林里，也有一长排黑色和黄色的大鸟在那儿晃动脑袋。我们离它们已经很近了。塞索伊·塞索伊奇悄无声息地划动着船桨，沿着树林前进。为了不惊扰这些谨慎的鸟，我十分缓慢地抬起了双筒枪。

所有的黑琴鸡都伸着长长的脖子，把小小的头转向我们。它们大概也感到惊奇，正在划近的是什么？危险吗？

鸟类的思维十分迟钝。你看，我们离最近的那只琴鸡只有五十步远了。它平静地转动着脑袋，如果发生什么事，该往哪里飞呢？它的双腿来回踱着，下面细细的树枝被压弯了。为了保持平衡，它扇动了两三下翅膀。

不过它的同伴还是坐在那里一动不动，它也平静下来。

我开了一枪。发射的轰隆声好像压着水面朝树林飘过去，遇到林墙的阻碍之后，又返了回来。

琴鸡黑色的身体转了一圈，扑通一声掉进水里，溅起一柱水花。其余的琴鸡全都快速扇动着翅膀从白桦树上飞走了。

我赶紧朝其中一只飞远的琴鸡开了一枪，却没打中。

难道一大早打到这样一只美丽的野禽还不够满意吗？

"好收获！"塞索伊·塞索伊奇向我祝贺道。

我们捞起这只浑身湿漉漉、耷拉着头和翅膀的死琴鸡，划着小船，不疾不徐地往回返。一群野鸭快速地掠过水面，嘎嘎叫着。两岸的琴鸡叫得也越来越响，"叽叽咕咕"和生气的"丘夫丘夫"声也越来越频繁。太阳已经升到深林上空。

云雀在田野上空唱着，歌声如铃铛般清脆。我们两个尽管一夜没睡，现在却毫无困意。

用饵诱捕熊

一些熊一直在我们周围行凶作恶。听说，在一个集体农庄里，有只小牛被咬死了，另外一个集体农庄的一只母马也受到了熊的攻击。

塞索伊·塞索伊奇在大会上说了一段很有道理的话：

"还等什么呢，趁我们的牲畜群还没有被攻击，必须采取点儿措

117

施。你们看，加夫里奇辛家的小牛不是被咬死了吗？把它给我，我拿它当诱饵。如果有熊来我们牲畜群周围转悠的话，你们看着吧，它肯定会被诱饵吸引过去。如果它来了，肯定没法再伤害我们的牲畜了。我会想尽办法收拾它。"

塞索伊·塞索伊奇是我们这里最厉害的猎人。加夫里奇辛集体农场把小牛给了塞索伊，跟他说，放心去干吧！到时候，我们也会更加放心。

塞索伊·塞索伊奇把小牛放在四轮大车上，赶车去了森林。来到一块空地，他把小牛卸下来，给它翻了个身，让它的头朝东。

塞索伊·塞索伊奇是个万事通。他知道，如果动物尸体朝南或朝西躺着，熊不会去动，会怀疑是什么阴谋诡计。

小牛尸体周围放着一个用未剥皮的白桦树干围成的围栏。在距离围栏二十步的地方，塞索伊在两棵并排的树上搭了个窥探野兽的台子。这个台子距离地面大约两米，是用木杆搭成的，猎人夜里将坐在这个台子上，观察野兽的到来。

塞索伊准备好一切后，却没爬上那个观察台，回家过夜去了。

过了一周，他还在家里过夜。一天早上，他抽空去围栏附近转了转，卷了根就像山羊腿一样的烟，放了点儿烟叶，就回家去了。

我们的集体农庄庄员开始嘲笑他，小伙子们都朝他挤眉弄眼：

"怎么了，塞索伊·塞索伊奇，是不是在自己的炉子上睡得更踏实啊？你不想在森林里守着吧？"

而他回答说：

"贼没在那里，守也是白守。"

他们又对他说：

"小牛的尸体在那里，已经腐烂发臭了。"

他说：

118

"这正是我想要的。"

你能拿他怎么样，他就是这样波澜不惊。

塞索伊·塞索伊奇知道自己在做什么。它知道那只熊已经不止一次去牲畜群周围转悠过，只是由于在它眼皮底下就有个现成的动物尸体，它不会去攻击活的。不过现在，熊还没有动小牛的尸体。它现在还很饱，要等到动物尸体散发出真正的腐烂味道，再好好享受这顿美餐。这种毛茸茸的森林野兽就是有这样的品位。

那只死小牛已经在森林里躺了一周多，而塞索伊·塞索伊奇还在家里过夜。

最后，他根据脚印发现，熊终于翻过围栏，吃了一大块肉了。

就在这天晚上，塞索伊·塞索伊奇带着枪爬上了观察台。

森林的夜晚十分安静。不管是野兽，还是鸟类，都已经进入梦乡。

不过并不是所有野兽和鸟都在睡觉。猫头鹰无声无息地扇动着翅膀，寻找草丛里沙沙穿行的老鼠。刺猬也没睡，它正在森林里游荡着寻找青蛙。兔子把山杨的苦树皮咬得嘎巴嘎巴响。有只獾正在地下寻找细小的根。熊悄悄朝诱饵走过来。塞索伊·塞索伊奇困得上眼皮打下眼皮，他已经习惯在夜里的这个点熟睡了。他坐在那里磕头。

忽然，他哆嗦了一下——原来是听到了东西被咬碎的声音！

月亮还没升起来，不过北方的夜里，即使没有月亮，也很明快，可以很清楚地看到一只黑色的野兽正站在白桦木围栏上。

这只熊够到美食后，马上开始吃起来。

"先等等！"塞索伊·塞索伊奇心里暗想，"我还有更好的东西要招待你，是一个铅饼。"

他抬起枪，瞄准了熊的左肩胛骨。

轰隆一声，整座沉睡的森林忽然被惊醒了。半米开外有几只神情恐惧的兔子跳了出来。獾因为害怕哼哼着跑回了自己的洞里。刺猬卷成了一个刺球。老鼠悄悄钻进了洞里。猫头鹰无声无息地躲进了一棵大云杉树的黑色阴影里。

周围再次恢复了寂静。晚上出没的野兽又壮起胆，开始忙活自己的事情。

塞索伊·塞索伊奇从观察台上爬下来，向围栏走去。而后，他卷了一根烟，开始抽起来。他不慌不忙地朝家走。天正慢慢变亮，回去稍微补个觉也好。

等整个集体农庄都从沉睡中醒来，塞索伊·塞索伊奇对年轻人们说：

"小伙子们，赶紧套上马，把熊从森林里拖回来。那只熊再也不会伤害我们的牲畜群了。"

夏·第一期

林鸟筑巢之月
6 月 21 日—7 月 20 日
太阳落入巨蟹座

一年是一部分成十二个月的太阳诗篇

林中居民忙筑巢

六月是玫瑰花盛开的季节。初夏已经过去，真正的夏天来了。这是白昼时间最长的一段时期。在遥远的北方完全没有黑夜，因为太阳不会落山。现在，潮湿的草原上，金色的鲜花越开越多：金莲花、驴蹄草、毛茛都盛开了。整片草原好像因为它们变成了金色。

六月里，人们会在黎明时分出去采能治病的花、茎、根，将其储存起来，以备生病时将这些花草收集起来的太阳能量转移到自己体内。

你看，一年当中白天最长的日子——6 月 21 日——到了，这天是夏至日。

这一天过后，白昼的时间开始变短，不过过程十分缓慢，那速度就跟春天阳光聚集的速度一样。因此，民间都这样形容："太阳正穿过障子看着我们呢……"

所有会唱歌的小鸟都有了自己的窝，所有的窝里都有了蛋，每种鸟蛋的颜色各不相同。温柔的小生命都破开薄薄的蛋壳，来到世上。

森林要闻

各有各的家

孵蛋的时候到了。林中的居民全都忙着给自己建窝。

我们的记者打算去看看，那些野兽、小鸟、鱼和昆虫都分别住在哪里。

超棒的房子

似乎，整片森林从上到下都被各种住所占满了，连一小块空闲的地方都没留下。不管是地上和地下、水面上和水里，还是树上、树洞里、草丛里，甚至空气中，全都住满了小动物。

金黄鹂的家安在空中，建在高高的白桦树枝上，离地面很远，是一个轻巧的小篮子，由大麻纤维、草茎、根须和绒毛编织而成。金黄鹂的蛋就在这个小篮子里。令人惊讶的是，当风摇动树枝时，里面的蛋竟然纹丝不动。

云雀、林鹨、黄鹂和很多其他鸟的窝都是建在草丛里的。我们的通讯记者最喜欢柳莺的窝棚。它由干草和苔藓制成，上面有个顶，入口在侧面。飞鼠（两个爪子之间长有肉膜的松鼠）、翅鞘目甲虫、小蠹虫、山雀、椋鸟、猫头鹰和其他鸟的窝都是建在树上的洞里。

鼹鼠、老鼠、獾、灰沙燕、翠鸟的窝则是建在地下。

凤头是一种潜水鸟，它的巢建在水上面，由沼泽里的水草、芦苇和水藻做成。凤头坐在里面，就像坐船一样，游遍整个湖。

谁的房子最好？

我们的通讯记者决定寻找建得最好的房子。结果，要决定哪个房子最好并不是那么容易。

鹰的窝最大。

它由粗粗的树枝制成，建在一棵又粗又高的松树上。

戴菊的巢最小，只有小拳头那么大，这是因为这种鸟本身的个头就比蜻蜓还小。

鼹鼠的家最为巧妙，里面有很多备用通道和出口。在它的洞里，你甭想捉住它。

象鼻虫的洞最为精致。象鼻虫是一种长着象鼻的小甲虫。它把白桦树叶里的叶脉全部咬断，当叶子开始枯萎时，它会把叶子卷成一个卷，用唾液将其粘住。象鼻虫就把卵产在这个筒状的小房子里。

剑鸻和欧夜鹰的窝最为简单。剑鸻直接在河岸的沙滩里产下四颗蛋。而欧夜鹰在树底下的枯树叶中随便找个窝就下蛋。它们不热衷于建造家园。

绿篱莺的窝最漂亮。它的小窝建在白桦树枝上，用苔藓和轻盈的白桦树皮做装饰，它还去捡人们掉在某座别墅花园里的彩色碎纸来装饰自己的窝。

银喉长尾山雀的窝最舒适。这种鸟还有个别称，叫长勺鸟，这是因为它的样子很像一个舀汤的大勺子。它的窝里铺着绒毛和羽毛，外面是苔藓和地衣。它的窝圆嘟嘟的，看上去很像个小南瓜，入口也是圆形的，很小，在窝的正中间。

水蛾幼虫的窝最方便。

水蛾是一种会飞的昆虫。当它停下来时，会把翅膀收在背上，就像屋顶一样遮盖住整个身体。而水蛾的幼虫不会飞，浑身光秃秃的，没有什么可以遮蔽。它们住在小河和小溪的水底。

水蛾的幼虫会找到一根火柴棒长短的木棍或芦苇，在上面粘个细砂做的小管子，倒着爬进去。这样非常方便：想睡觉，就直接藏在小管子里，没有别的动物会注意到，会睡得十分安稳；如果不睡了，就可以伸出前面的小腿，背着房子在水底行走，反正房子也不沉。有只水蛾的幼虫找到一只掉在水底的细烟卷，钻了进去。它就这样背着这个烟卷在水底行走。

水蛛的房子最令人惊奇。这种蜘蛛会在水草之间拉一个网，再用毛茸茸的肚子在蛛网下面弄出一些气泡，水蛛就这样住在这个气泡做的房子里。

谁还会做窝？

我们的通讯记者还找到了鱼巢和老鼠窝。

刺鱼会给自己建个真正的巢。雄刺鱼负责筑巢，它只挑选最重的水草茎来筑巢。这样的草茎不会浮起来，即使把它咬下来，也得用嘴衔着才能将其带到水面上。刺鱼把草茎固定在有沙的水底。它用自己的唾液把草茎粘成外墙和地板，再用苔藓把所有的小孔堵住。它会在自己的巢穴上留两个门。

用什么材料给自己盖房子

森林里建房子的材料也是多种多样。

欧歌鸫的巢是圆形的，里面涂有烂木材制成的胶泥。

家燕和金腰燕的巢由泥制成，用唾液加固。

黑顶林莺的巢由细树枝建成，用轻盈的黏性丝固定。

鸸是一种可以头朝下沿着笔直的树干跑下去的鸟。它在树洞里安家，出口是个很大的洞。为了防止松鼠爬进来，鸸用黏土把出口堵住，只留一个供自己出入的小孔。

翠鸟浑身长着绿色、褐色和蓝色的羽毛，它的巢最为有趣。它在岸边挖一个深洞后，会在里面铺上细细的鱼刺——这样便是一条柔软的垫子。

借宿别人家

如果某种动物不会，或者懒于给自己建巢，会借住在别人家。

杜鹃会把自己的蛋下在鹡鸰、知更鸟、莺和其他善于做窝的小鸟窝里。

丘鹬会找一个乌鸦留下的旧巢，在里面孵自己的雏鸟。

鮈鱼非常喜欢沙质岸边水下已经废弃的虾洞，会在里面产下鱼卵。

麻雀把家安置得十分巧妙。

如果它把巢建在屋顶下面，会被调皮的小孩捣毁。

如果它把巢建在树洞里，伶鼬又会把它所有的蛋都给偷走。

它只好把自己的窝建在一个巨大的鹰巢里，鹰巢粗粗的树枝之间足够容下麻雀小小的窝，而且还有空余。

现在，麻雀可以平静地生活在那里，不用再害怕任何动物了。巨大的鹰根本看都不看这样的小鸟一眼。现在既没有伶鼬、猫和鹞鹰，也没有调皮的小孩来捣毁麻雀的巢。他们中的哪一个不害怕鹰啊？

集体宿舍

森林里还有集体宿舍。

蜜蜂、黄蜂、野蜂、蚂蚁建的家可供成百上千住户居住。

白嘴鸦会占据花园和小树林，将其作为自己的巢穴殖民地；鸥鸟会占据沼泽、沙质小岛和浅滩；灰沙燕则在陡峭的河岸两边打很多小洞当自己的巢穴，把河岸两边弄得跟筛子一样。

巢里住着谁?

巢里有蛋，不同鸟的蛋各不相同。

不过，不同鸟下不同的蛋的缘由可不简单。

扇尾沙锥的蛋上满是斑点。蚁䴕的蛋是白色的，略带些粉红色。

这是因为，蚁䴕的蛋是躺在又深又暗的树洞里，你根本看不到；沙锥的蛋则不同，直接躺在小草丘里，完全能看见。如果沙锥蛋是白色的话，任何人都能看到。就因为这样，它们的蛋才有草丘的颜色，即使被人踩到，也好过被人注意到。

野鸭蛋也几乎是全白的。它们的窝建在沙滩上，上面也没有什么遮盖物。不过，野鸭想出了一个好计策。当它离开自己的窝时，会从自己的肚子上啄下一些绒毛，再覆盖到蛋上。这样别人就看不到蛋在哪里了。

为什么沙锥的蛋是尖的，而䴉的蛋却是圆的呢?

道理也很简单：扇尾沙锥的个头不大，只有䴉鸟的五分之一。不过扇尾沙锥的蛋却很大，如果不是用尖头紧挨大头的方式排列着，沙锥小小的身体如何才能覆盖过来从而好好孵蛋呢?只有这种方式才能尽可能少地占用空间，如果大头对大头，尖头对尖头是不行的。

那么，为什么体型小的沙锥的蛋竟然跟体型大的䴉鸟的蛋一样大呢?

这个问题要等到雏鸟从蛋里孵出来时才能回答。

狐狸是怎么把獾从窝里排挤出来的

狐狸遇到了灾难：狐狸洞的天花板掉了下来，差点砸死里面的狐狸宝宝。

狐狸知道，状况十分糟糕，必须想办法搬到别的房子里去。

狐狸朝獾的窝走去。獾的窝是自己挖的，相当牢固。獾的洞有很多出口，还有防止被突然袭击的侧洞。

它的洞很大，能够住下两个家庭。

狐狸跟獾说希望借住一下，可是獾不同意。它是个严格的房东，喜欢干净和整洁，不允许有一点儿脏东西。这样还怎么能让狐狸拖家带口地住进来呢！

"哼！"狐狸想，"你竟然不同意，咱走着瞧！"

狐狸假装走进森林，其实是藏在了灌木丛后面。它坐在那里等待着。

獾看了一眼，发现狐狸已经离开了，便爬出洞，去森林里找蜗牛了。

而狐狸则迅速从灌木丛后面跳出来，钻进洞里，在里面拉了一泡屎。它把獾的洞弄脏之后就跑开了。

獾回来一看，我的老天爷啊，可真够臭的！獾因为懊恼吱吱叫了几声，立马出去给自己挖新洞了。

这正是狐狸想要的。

它把狐狸宝宝都叼来，就在獾舒适的窝里住下了。

有趣的植物

池塘里的浮萍越来越多。有人说这是水藻。不过浮萍是浮萍，水藻是水藻。浮萍是种很有意思的植物，跟其他植物完全不同。它长着小小的根，上面漂浮的是绿色的叶状体，像个小烤饼一样，中间是个椭圆形的凸起。这些凸起和叶状体是浮萍的茎和分枝。它没长叶子。浮萍偶尔会开花，不过极其少见。浮萍不需要花。它的繁殖方式既简单又快。只要切下它的一个茎或分枝，就会变成两个植物。

浮萍的生存能力很强，它也很自由，漂到哪里，哪里就是家。如果有只鸭子游过，浮萍会挂到鸭子的脚掌上，随着鸭子游到另外一个池塘去。

随时待命

在草原和采伐迹地上，紫色的黑矢车菊花开正盛。我看到它们的样子，立刻想起了伏牛花，因为它跟伏牛花一样，会变小戏法。

矢车菊并不是花，而是花序。它乱蓬蓬的红色角状花是谎花。真正的花在正中间。这是一种深紫色的小管。这个小管子有一根雌蕊和几根会变魔术的雄蕊。只要稍微碰一下这个紫色的小管子，它就会歪向一边，从孔里弹出小花粉球。如果你过一会儿再碰一下矢车菊的花，它会再次点头，花粉球又会飞出来。

这就是矢车菊玩的小把戏。

矢车菊并不是白白喷出花粉，它会喷给那些随时待命的昆虫，并告诉这只昆虫说，拿去吧，吃吧，身上也沾点，只要给其他黑矢车菊顺便带几粒花粉就行。

巴甫洛娃

神秘的夜间强盗

森林中出现了一个神秘的森林强盗。森林的住户都陷入了恐慌。

每天晚上都有几只小兔宝宝消失。小鹿呀、花尾榛鸡呀、松鸡呀、黑琴鸡呀、兔子呀、松鼠呀，一到晚上就会觉得危机四伏。不论是灌木丛中的小鸟，还是树上的松鼠，抑或是地下的老鼠，都不知道这个强盗会从什么地方冒出来。神秘的杀手不是从草丛中冒出来，就是从灌木丛或树上钻出来。也许，它并不是孤身一人，而是整整一大队强盗。

几天前的一个夜里，住在森林里的山羊一家——山羊爸爸、山羊妈妈和两只山羊宝宝正在林中空地上吃草。山羊爸爸站在离灌木丛八步远的地方放哨，山羊妈妈带着两个山羊宝宝正在林中草地上吃草。

忽然，从灌木丛中跳出来一只深色的动物，它直接跳到山羊爸爸的背上，立马把山羊爸爸给扑倒了。山羊妈妈带着两个宝宝跑进了森林。

第二天早上，山羊妈妈返回林中空地时，发现山羊爸爸只剩下了两只角和几只腿。

昨天晚上，神秘的强盗又袭击了驼鹿。驼鹿经过一片荒凉的树林时发现，在一棵树的树枝上还有个巨大的丑瘤子。

驼鹿是森林里的巨型动物，一般谁都不怕。它长着两只巨大的犄角，甚至熊都不敢去招惹它。

驼鹿走到那棵树下，想抬起头来看看树枝上的巨大瘤子到底是什么。忽然，有个十分可怕的重物砸到了它的颈背上，整整有三十公斤重呢。

由于事情发生得极其突然，驼鹿十分害怕，摇了摇头，把强盗从背上甩下来，不假思索地跑走了。因此，它自己也不清楚那天夜里从树上落下来的到底是什么。

森林里没有狼，况且它们也不会爬树。现在，熊爬进了树林深处，正在蜕皮，而且它也不会从树上跳到驼鹿的颈背上。这个神秘的强盗到底是谁呢？

暂时还没人知道。

夜鹰蛋神秘失踪了

我们的通讯记者找到了夜鹰的巢。巢里面有两颗蛋。有人靠近时，雌夜鹰丢下蛋飞走了。

我们的通讯记者没有去动夜鹰的蛋，只是做了一个标记，标注了夜鹰巢的位置。

两个小时之后，他们再次返回夜鹰巢所在的地方，发现巢里面的蛋竟然不见了。

两天之后，我们的通讯记者才搞明白这两只蛋消失在什么地方。原来，雌夜鹰用嘴把蛋衔到了另外一个地方，它害怕人类会捣毁自己的窝。

勇敢的小鱼

我们前面已经说过雄刺鱼是如何在水下建巢的。

当巢建好时，雄刺鱼会给自己挑选一个雌刺鱼，把它带回家。雌刺鱼进门之后立即产下鱼卵，并马上离开，再去下一个雄刺鱼家里。

雄刺鱼再去找第二只雌刺鱼，然后再去找第三只、第四只。不过，所有的雌刺鱼都会离开它，把鱼卵留给它照顾。

现在，雄刺鱼仍然是一个人守着家，不过家里已经有一大群鱼卵了。

河里有很多喜欢新鲜鱼卵的其他动物。可怜的小雄刺鱼不得不保护自己的巢免受可怕水底怪兽的侵袭。

不久前，贪吃的鲈鱼来攻击刺鱼的巢。雄刺鱼小主人立即勇敢地奋起反抗，与鲈鱼大战一场。

它的身上有五根刺，三根在背上，两根在腹部，为了战斗，它

竖起所有的刺，直接朝鲈鱼的脸颊扎过去。

鲈鱼的全身都长着鳞片，就像坚硬的铠甲一样，只有脸颊是赤裸裸的。

刺鱼的行为让鲈鱼感到害怕，鲈鱼立即逃走了。

谁是凶手

（文章《神秘的夜间强盗》续）

今天夜里，在森林里的一棵树上发生了一起松鼠谋杀案。我们检查了案发现场，并根据凶手留在树干上的痕迹，成功找到了这个神秘的强盗。它不久前还杀害了一只野山羊，让整片森林都陷入了恐慌。

我们根据脚印猜测出，这是我们北方森林里的"豹"，是十分凶猛的森林之猫，名叫猞猁。

它的猞猁宝宝已经长大了，猞猁妈妈正带着自己的宝宝在森林里散步，在树上爬上爬下。

它夜晚的视力跟白天一样好。如果有哪只动物不能在睡觉前好好躲藏起来，那可就倒霉了。

长着六条腿的"鼹鼠"

有一位来自加里宁格勒州的森林记者给我们发来了一条消息。

"我在把练体操的杆子埋进土里时发现，从地下钻出来一只小兽。它的前脚掌长着爪子，背上靠近翅膀的地方长着薄膜。它全身长着棕黄色的细毛，好像厚厚的短兽毛。这只小兽长五厘米，跟黄蜂和鼹鼠很像。不过它却长着六条腿，我由此判断这是只昆虫。"

编辑部的解释

这种神奇的昆虫确实长得很像小兽。因此，它也有着野兽一般的名字——蝼蛄。蝼蛄跟鼹鼠的共同点更多。两者的前爪子都很宽，都是挖土的好手。此外，蝼蛄的个头很小，前腿长得很有特点，像一把剪刀。这正是它需要的，因为在地下行走的时候，有时需要剪断植物的根。鼹鼠的个头很大，而且很强壮，遇到这样的根，只要用自己强有力的爪子抓断或者用牙齿咬断即可。

蝼蛄的颚很像牙齿，是一些角质的薄片。

蝼蛄大部分时间都待在地下，就像鼹鼠一样，在地下挖通道，在那里产卵，再在上面推上土。此外，蝼蛄长着一双柔软的大翅膀，飞行技术很好。从这一点上看，鼹鼠比不上它。

蝼蛄在加里宁格勒州的数量很少，在列宁格勒州更加少见，不过在南方各州的数量却很多。

如果有人想找到这种神奇的昆虫，需要先找到一个有些潮湿的地方，尤其是靠近水边，或者花园、菜园里的某个地方。如果想逮住它，可以用这样一种方法：在这个地方浇满水，再在上面盖些木屑，到夜里时，蝼蛄会钻到木屑下面的泥土里。

救人的刺猬

玛莎一大早醒来后，匆匆穿上裙子，连鞋子都没穿，就跑进森林里去了。

森林里的小山丘上结了很多草莓。玛莎很快就采满一篮子，准备回家了。她蹦蹦跳跳，穿过被露水打湿的小草丘，一路小跑着往家去。忽然，玛莎脚一滑，摔倒在地上，疼得大叫了一声，那只滑下草丘的光脚丫不知被什么尖刺刺出来了血。原来，草丘下面有只刺猬。它现在卷成了一个小球，正咳咳叫着。

玛莎哭起来。她坐到旁边的草丘上，开始用裙子擦拭脚上的血。刺猬不再叫了。突然，有条背上长着黑色"之"字形纹路的大灰蛇径直朝玛莎爬了过去。糟糕，这是条有毒的蝮蛇！玛莎被吓得四肢瘫软。而那条蝮蛇还在向她爬去，一边咝咝叫着，一边吐着分叉的信子。

刺猬忽然舒展开身体，迈开四只小爪子迅速朝蛇跑过去。蝮蛇迅速抬起半截身子，像鞭子一样抽向刺猬。不过，刺猬灵敏地向前伸出自己的爪子。蝮蛇发出可怕的咝咝声，转身想爬走。刺猬冲到它身后，从后面抓住了蝮蛇的头，一只爪子踩到了蛇背上。

这时，玛莎清醒过来，迅速跳起来，跑回家了。

蜥蜴

我在森林里的树桩旁抓到一只蜥蜴，把它带回了家。我把蜥蜴放在一个又大又宽的罐子里，在底下铺上了沙和小石头。我每天都会往罐子里放些草根、土和水，再给它逮些苍蝇、小甲虫、昆虫的幼虫、蠕虫和蜗牛吃。蜥蜴张开大嘴，贪婪地享受着自己的美食。它尤其喜欢白色的欧洲粉蝶。它把头歪向蝴蝶，张开嘴，伸出分叉的舌头，迅速朝着诱人的美食扑过去，就像狗扑向骨头一样。

一天早上，我在几个小石头之间的沙子上看到了近十个椭圆形的白蛋，都长着薄薄的蛋壳。蜥蜴选择了一个太阳充足的地方产卵。一个多月过去了，蛋壳破裂开来，小小的蜥蜴灵敏地从里面钻出来，长得跟自己的妈妈十分相像。

现在，这个蜥蜴小家庭都爬上石头，开始舒服地晒太阳。

《森林报》记者　舍斯佳科夫

毛脚燕的巢

6月25日

我每天都能看到几只燕子在辛勤地劳动着，它们正忙着筑巢，眼看着巢一天天变大。它们每天都从一大早开始干，中午休息两三个小时，然后再开始整理，日落前两个小时停工。也许，它们也没法不间断地筑巢，要知道，黏土也得晾干啊。

有时会有其他的毛脚燕飞来做客，如果公猫费多谢齐不在的话，它们就落到屋脊上，叽叽喳喳地聊着天。筑巢的主人也不会赶它们走。

现在，巢看起来已经像一钩残月了，等到它被筑成满月形状时，会在靠右的位置留一个小口。

我很明白为什么燕子的巢要筑成这种左右不规则的形状。这是因为雌燕子和雄燕子一起干活，两只燕子用的力度并不相同。雌燕子叼着泥土飞来时，总是头靠左落下来，它筑巢筑得十分卖力，全部都是从左面开始，而且雌燕子出去叼黏土的次数更加频繁。雄燕子常常消失几个钟头，它大概是跟其他燕子到云彩下面嬉戏去了。雄燕子总是头朝右落下来。当然，它筑巢的速度赶不上雌燕子，因此，它负责的右边要比左边矮一点。燕子的巢就这样被不规则地慢慢建起来了。

总之一句话，雄燕子可真够懒的！而且它一点都不为自己的懒惰害羞！你看，它可比雌燕子要有力气的多。

6月28日

燕子已经不用黏土筑巢了，现在正忙着揪些稻草和绒毛铺在里面，当作小被子。我万万没有想到，它们竟然把自己的巢设计得如此精密。原来，巢就应该是这样子的，其中一边要比另外一边建得快点儿。雌燕子把左面建得快要到顶了，而雄燕子负责的右面并没有建到顶——这样整个巢就像一个不完整的球体，在右上方留了个小孔。当然，这个孔是必须得留的，它们得有个进出的地方啊！否则，这两只燕子可怎么回自己的家啊？这样看来，我指责雄燕子的话是不公正的。

今天晚上是雌燕子第一次留在巢里过夜。

6 月 30 日

巢建好了。雌燕子已经不再离巢，大概已经产下了第一枚蛋。雄燕子时不时地给它啄来蠓虫儿，还一直唱着歌，叽叽喳喳地叫个不停，好像是在祝贺自己的老婆，又好像是表达自己的兴奋之情。

整整一群毛脚燕又飞来了。一只接一只地飞到巢旁边，在空中呼扇着翅膀，看一眼巢里，甚至亲一口雌燕子从巢的出口探出来的嘴。它们叽叽喳喳地叫着，相互呢喃着聊完天后就飞走了。

而那只公猫费多谢齐时不时爬上屋顶，看一眼屋脊下面。难道它已经等不及巢里孵出小燕子了吗？

7 月 13 日

雌燕子在巢里坐了整整两个星期，几乎从没出去过。它只在中午最热的时候才飞出去，因为大中午的，柔嫩的燕子蛋也不会变凉。雌燕子出来后会在屋顶盘旋几圈，捕捉苍蝇，然后再飞去池塘。它紧贴水面滑翔，用自己的小嘴汲几滴水喝。等它喝饱了，会立即飞回巢。

今天，两只燕子，雄燕子和雌燕子开始不时飞进飞出。有一次我看到雄燕子嘴里叼着一只白色的壳，雌燕子嘴里叼着一只小苍蝇。

这说明，巢里已经孵出了小燕子。

7 月 20 日

太可怕了！太可怕了！公猫费多谢齐爬上屋顶，整个身子都从屋脊上探出来，想用爪子够到巢，而巢里的小燕子被吓得吱吱乱叫，让人十分心疼。

就在这危急关头，不知从哪儿飞来一群燕子。它们一边叫着，一边飞向公猫，差点碰到费多谢齐的鼻子。哎呀，它差点用爪子扑到一只燕子！哎呀！它又朝着另外一只扑了过去！……

太棒了！这只灰色的强盗怎么也没想到，自己竟然从屋顶上摔下去了——嘣的一声！

它摔倒没摔死，不过看得出来，摔得不轻，它喵呜一声，瘸着一条腿走了。

它这是活该！看它还敢不敢再来吓唬燕子。

摘自少年自然界研究员维里卡的日记

小苍头燕雀和它的妈妈

我们的院子里已经满是绿色。

我正在院子里散步，忽然从我脚下飞出一只小苍头燕雀。它身姿轻快，头顶上长着两撮绒毛，就像两个犄角一样。它飞起来后，又落了下去。

我把它捉住，带回了家。父亲建议我把它放到打开的窗户前面。

不到一个小时，它的父母就飞过来喂这只小苍头燕雀。

就这样，它在我这里待了一天。到晚上，我关上窗户，把它放进了笼子里。

早上，我大约五点钟就醒来了，看到小苍头燕雀的妈妈正坐在窗户框上，嘴里还衔着一只苍蝇。我跳下床，打开窗户，开始从房间一个不显眼的角落里观察着。

小苍头燕雀的妈妈又飞来了，落在窗户上，小苍头燕雀开始吱吱叫，吵着让妈妈喂它。这时，苍头燕雀妈妈才敢飞进来，蹦上笼子，穿过栅栏喂自己的宝宝。

过了一会儿，小苍头燕雀的妈妈又飞出去找吃的了。我把小苍头燕雀从笼子里拿出来，放到院子里。

当我想再去看看小苍头燕雀时，它已经不在那里了，苍头燕雀妈妈把自己的宝宝带走了。

瓦洛嘉·贝科夫

金线虫

不管是河流、湖泊，还是池塘，甚至小水坑，里面都有一种神秘的生物——金线虫。老人们都说，这是掉下来的马毛变的。据说，这种金线虫在人洗澡时会钻到人的皮肤下面，四处游走，让人奇痒难忍。

金线虫很像一根红棕色的粗糙头发。不过，它更像一根被钳子夹断的金属丝。金线虫非常坚硬，你把它放到一块石头上，再用另外一块小石头敲，也伤害不了它。它一会儿伸长，一会儿缩短，最后盘成一团乱七八糟的圆团。

事实上，金线虫是一种不会伤人的蠕虫，它没长脑袋。雌虫的身体里塞满了卵。它们的卵会在水里孵化成微小的幼虫，都长着角质的吸管和倒钩。它们会吸附到其他水生昆虫的幼虫身上，钻到它们身体里，藏在它们的外壳下面。如果它们的宿主被某只水生蜘蛛或昆虫吞下去的话，它们也会完蛋。如果金线虫的幼虫找到了新宿主，会在宿主身体里变成一只无头蠕虫，最后钻进水里，吓唬那些

139

迷信的人。

用枪打蚊子

达尔文国家禁猎区的建筑位于一个半岛上。岛的周围是雷宾斯克海。这是一个特别的海，刚出现不久。就在不久之前，这里还是一片森林。这个海很小，有些地方还露着树顶。海里是淡水，还有些温暖。无数蚊子栖息在这里。

一大群这样的吸血小昆虫钻进了科学家的实验室，钻进了食堂、卧室，既不是为了工作，也不是为了吃饭，更不是为了睡觉。

晚上，所有房间都忽然传来了猎枪的射击声音。

发生什么事了？……没什么特别的事情，只是在打蚊子。

当然，子弹盘里装的不是子弹，而是铅弹粒。在带有雷管的弹筒里装上猎人用的普通火药，在上面放上填药塞。然后在弹筒的上面放上杀虫粉，再在上面塞上填药塞，防止杀虫粉洒出来。

射击时，杀虫粉会变成极小的粉尘，满房间飘散，会填进每个缝隙，所有地方的蚊子都能被杀死。

自然界研究员的梦

有位自然界研究员正在努力准备一份课堂报告，主题为"昆虫会危害森林和田野，必须消灭它们"。

"使用机械法和化学法消灭甲虫的成本超过了137000000卢布，"这位自然界研究员读道，"用手抓了13015000只甲虫，如果用火车装的话，得需要813节车厢。""如果想用人力消灭昆虫，每公顷需要二十至二十五人。"

这位自然界研究员的头脑有点儿晕了。带着好几个零的长数字让他眼花缭乱，好像转起来一样。他只好躺下睡觉了。

整晚上，他都被噩梦困扰。无数的甲虫、昆虫的幼虫、毛毛虫成群结队地从漆黑的森林里钻出来，快速地爬满了田野，围绕在他周围，让他无法呼吸。他用手捻，用带毒的水管喷，却怎么也杀不死它们，它们仍在那里爬呀、爬呀。它们经过的地方都变成了荒漠……这位自然界研究员被吓醒了。

早上，他发现事情原来并不是那么可怕。这位自然界研究员在自己的报告中提议，爱鸟日那天建造很多椋鸟巢、山雀巢、树洞巢。善鸣的鸟儿捉甲虫、昆虫的幼虫、毛毛虫要比人类厉害得多，而且完全不用花什么钱。

请您试一试！

据说，如果在一个没有顶的鸟笼上面拉一个十字形的绳子的话，不管是猫头鹰，还是雕，袭击睡在鸟笼里的小鸟之前，一定会落到这些绳子上。猫头鹰以为这是些坚硬的构造。而当它落下来时，立刻会翻个两脚朝天，这是因为，绳子太细了，况且拉得也不紧。

这只两脚朝天的野禽到早上还是会保持头朝下的样子：如果它感到害怕，以这样的姿势挥动翅膀，最终会把自己撞死。天破晓时，你只要来把这个"小偷"从绳子上拿下来就行了。

是否真会这样，我们希望您能试一试。可以用比较粗的金属丝代替绳子。

鲈鱼测钓仪

有种说法是这样的：如果你想捕鱼，就先从你打算捕鱼的湖或河里逮几条鲈鱼，放在鱼缸里，或者放在一个盛果酱的大玻璃罐里也行，这样你就知道今天是否值得去那个湖或那条河边钓鱼了。你只要在出去钓鱼前喂喂这几条鲈鱼，如果它们快速扑向饲料的话，去湖里钓鱼能钓到很多鱼。不管是鲈鱼还是其他鱼，都会很容易上钩。如果罐子里的鱼完全不吃饲料的话，这意味着湖里的鱼也没有胃口。这表明，大气压不太正常，你瞧着吧，天气可能会有变化，也许会有雷雨。

你要知道，鱼对空气和水里的变化十分敏感。根据它们的行为可以预测几个小时之后的天气。只是钓鱼爱好者需要亲自试验一下，看看这些有生命的晴雨计在家里是否跟在野外一样准确。

天上的大象

天空中飘浮着一团乌云，黑压压的，像一只大象。这团乌云时不时地把自己的鼻子伸向地面。从地面扬起的尘土，不断地旋转，一边旋转一边上升，最后接上了天上那只大象的鼻子。这样天地相接，形成了一根高大无比的旋转柱子。大象把这个柱子吸入自己的怀抱后，从空中疾驰而去。

天上的大象来到一个小城市，悬在城市上空。忽然，大雨从里面倾泻而下。真是一场瓢泼大雨啊！不管是屋顶，还是行人头顶上的雨伞，全都被砸得噼噼啪啪响，你猜猜这是谁干的好事呢？原来是蝌蚪、青蛙和小鱼！它们落到街上的水洼里，开始到处乱窜。

原来，这团形状如同大象的乌云依靠地面龙卷风的帮助，把森林中一个小湖泊里的水给卷走了，顺便卷走了水里的蝌蚪、青蛙和小鱼。这团乌云在天空中走了很远，把卷走的东西全都倾泻到一个小城市后，继续向前飘去。

绿色的朋友

曾几何时，我们的森林看起来无边无际。

不过在古代，我们这里懒惰的地主一点都不爱惜这些森林，毫无节制地砍伐森林、耗尽土地中的养分。

而那些被毁坏的地方已经被沙子和沟壑占领。

田野周围没有了防风林的保护，来自遥远沙漠的旱风直接吹进了田野，田野里满是炽热的沙子。没有森林的保护，庄稼都死掉了。

湖泊、河流和池塘周围的森林被破坏后，里面的水开始干涸，田野里出现了很多横七竖八的沟壑。

不过，等到把懒惰的地主驱逐出去后，我们的人民开始自己着手完成这项伟大的事业。他们向旱灾、旱风、沙子和沟壑宣战了。

他们最主要的帮手是绿色的朋友——森林。

不管何处的河流、池塘、湖泊需要森林来遮住炽热的阳光，我们就会把绿色的朋友派遣到那里。强有力的森林就像勇士一样，挺起高昂的身姿，用自己枝叶繁茂的树冠，为这些河流、湖泊和池塘遮挡住炎热的太阳。

如果哪里的广袤田野需要防护旱风，我们就在那里种上森林，否则炽热的沙子会被旱风从遥远的沙漠带到我们的耕地。我们的森林勇士用自己的胸膛去遮挡可怕的恶风，像一面严密的墙壁一样保护着我们的田野。

如果哪里的田地突然变得松散，到处都是纵横的沟壑，我们就会在那里造林。它们在那里会快速地生长，紧紧咬住耕地的边缘。我们绿色的朋友——森林——会用自己强有力的根系牢牢抓住土壤，巩固土地，让漫无边际的沟壑停止肆虐，不让它们侵蚀我们的耕地。

我们现在正在与旱灾作斗争。

恢复森林

季赫温地区有一大片森林被砍伐了，现在这个区正在人工造林。这里种下了松树、云杉和西伯利亚落叶松，整整有二百五十公顷呢。

还有二百三十公顷的砍伐空地，地已经都耙过了，这样，树种子落到被耙过的土壤里，能更快地长出来。

人们种了十公顷的西伯利亚落叶松。现在，小树苗都已经发出了嫩枝。之所以选择这个树种是为了给列宁格勒州储备建筑用的木材。

这里还建造了一个森林苗圃，里面栽种了可用作建筑木材的针叶类和落叶类树木。

这里还栽种了果树和橡胶灌木。

追踪报道

森林中的战争 （续）

白桦树苗的命运跟草族和山杨树苗的命运类似，都受到了云杉的压制。

现在，采伐迹地的侵略者再也没有敌人了。我们的通讯记者卷起自己的帐篷，挪到另外一片被砍伐后的采伐迹地。那里的森林不是去年冬天而是前年冬天被砍伐的。

他们在那里亲眼看到了入侵者在第二年的战斗中又遇到了什么事情。

云杉一族十分坚强，不过它们有两个弱点。

首先，尽管它们的根扎得很宽，却不深。秋天到来时，在宽阔广袤的采伐迹地会有强风肆虐。很多云杉树苗会被刮倒，一棵接一棵的被风暴连根拔起。

其次，云杉树苗在没长成坚强的大树之前，非常怕冷。

所有云杉树苗的嫩芽都被冻死了，比较弱的树枝也被冷飕飕的风刮断了。在那片被云杉树苗占领的采伐迹地上，到春天来临时，已经连一棵云杉树苗也看不见了。

云杉种子的威胁也不是每年都会出现。因此，最终的结果是，虽然它们最初快速占领了空地，却没法维持长久的胜利，很长时间都没法再打进来。

而茂盛的草类一族，只要春天到来，它们一从土里钻出来，就会立刻投入战斗。

它们现在不得不与山杨和白桦树战斗。

不过，山杨树苗和白桦树苗不断长高，很快就会摆脱小草细弱而柔软的身躯。而且，它们的身体被层层叠叠的草族围绕也有好处。去年死去的草就像厚厚的地毯一样铺在地上。当它们霉烂时，会放出热量。而新长出的草的嫩芽会遮挡住刚刚从地里长出来的小树苗，让它们免受清早寒气的危害。

矮小的草无论怎么长，都赶不上快速生长的山杨和白桦。草类一族注定会落后，而它们一旦落后，上面就会有树冠遮挡住它们的阳光。

一旦小树苗长得比草高，就会在小草的上方展开自己的树枝。山杨和白桦不像云杉那样，长着浓密的深色针叶。不过它们的叶子都很宽，阴影反而更大。

如果树的密度很小的话，草族也可以忍。不过白桦和山杨却长满了空地，到处都是密密的一片。它们友好合作，共同对抗草类。它们的树枝像手掌一样互相牵在一起，紧密地排成一列列队伍。

这样就形成了一个密不透风的树阴之幕。地面上的草因为没有阳光的照射都枯萎死掉了。

我们的通讯记者很快就意识到，第二年的战斗以山杨和白桦树的全面胜利结束了。

这时，我们的通讯记者又来到了第三块采伐迹地。

他们在那里的所见所闻，我们将发布在下一期《森林报》上。

天气和钓鱼

夏天经常会刮大风。风暴会把鱼赶到平静的地方，例如深水坑、芦苇丛或菰草丛。如果碰上连绵的阴雨天，所有的鱼都会聚集到最僻静的地方，变得无精打采，甚至你扔食给它们，它们都懒得吃。

如果天气炎热，鱼类会寻找凉爽的地方，那里的水会被不断喷涌的泉水冷却。碰上天气热的时候，趁早上凉爽或下午暑热退去时去钓鱼最好。

如果夏季干旱，河里和湖里的水位都下降的话，鱼儿们会聚集到深坑里去。不过那里的食物很少，如果你能找到这样一个地方，会钓到很多鱼，尤其是放上诱饵的话。

最好的饵料是大麻籽油渣饼，放在平底锅里稍微煎一下，再用磨盘磨一下，最后用研钵捣得软软的。把准备好的油渣饼跟黑麦粉、黑麦粒、小麦粒、大麦粒、燕麦粒混合，或者掺上煮得烂烂的大米、豌豆，抑或是荞麦粥、燕麦粥，这样一来，这些饵料就有了新鲜的大麻籽油味。这种味道是鲫鱼、鲤鱼、丁岁鱼等最喜欢的。需要连续几天都要投饵喂它们，好让它们习惯一个地方。它们还会引来一些比较凶猛的鱼类，例如鲈鱼、狗鱼、梭鲈鱼、赤梢鱼。

一场小雨或雷雨能让水变得干净，唤起鱼类强烈的胃口。下雾后，如果碰上好天气，钓鱼也会比较顺利。

每个人都能自己学习如何根据（膜盒）晴雨计、钓鱼情况的好坏、云彩的变化、日出时的雾气和露水预测天气变化。深红色的霞光表明空气中有很多水汽，可能会下雨。

淡黄色（金粉色）的霞光则预示相反的天气，表明空气十分干燥，未来几个小时不会下雨。

除了选有浮子的普通钓鱼竿和没有浮子的漂钩以及可投掷的绞竿钓鱼外，还可以划着小船沿水道钓鱼。想用这种方法钓鱼，只要一根足够结实和足够长（五十米左右）的钓线就可以了。用细金属丝做个鱼，挂到钓线上。而后将挂着金属鱼的钓线扔进离船二十五至五十米的水里。船上坐两个人，一个负责划桨，另外一个负责控制钓线。金属鱼会落到水底或水中部的位置，在不断拖动的过程中，一些比较凶猛的鱼，例如鲈鱼、狗鱼、梭鲈鱼会注意到自己头部上方的金属鱼，并误以为它是真鱼，扑过来将其一口吞下，并扯动钓线。负责拉线的人察觉到鱼上钩，便慢慢拖动钓线，把鱼拖上来。这样一般会钓到个头比较大的鱼。

如果在湖泊里钓鱼，最好的地方是陡峭岸边下面的深坑，或者长有灌木<u>丛</u>或被枯枝阻塞的地方，芦苇<u>丛</u>或菀草<u>丛</u>附近的深水区也是不错的选择。如果是在河流里钓鱼，小船必须沿着陡峭岸边的水道，或者平静的深水区前进。最好是选一个无风的天气，因为，即使一个十分微弱的撞击也会被远处的鱼感觉到。

捕虾

5月、6月、7月、8月是最佳的捕虾月份。

因此，捕虾的人必须了解这种生物的生活习性。虾是从虾籽中孵出来的。虾籽的数量可达上百个，都待在雌虾的腹足里（河虾有五对足，最前面的一对是虾螯）和尾部的下方。河虾整个冬天都会带着虾籽，等到夏初时分，这些虾籽会爆裂开来，小虾便从里面出来。小虾的个头跟蚂蚁差不多。至于河虾在哪里越冬，现在所有人都已经知道了。而在古代，只有最聪明的人才知道这个问题的答案。虾冬天在河流或湖泊的洞穴里过冬。

第一年，虾会褪八次壳（这是它外面的骨架），等到它成年以后，每年褪一次。虾褪掉壳便失去了保护，会藏进自己的洞穴，直到身上的新壳变硬。褪壳后的虾是很多鱼类的美食。

虾喜欢昼伏夜出。白天，它都待在自己的洞里，不过一旦发现猎物，即使是白天，它也会从洞里出来。这时能看到有小气泡从水底浮上水面——这是它释放出来的气体。虾的食物是水中的各种小生物，例如水生昆虫、小鱼，不过它最喜欢腐肉。它在水下能从很远的地方闻到腐肉的味道。

正因为如此，捕虾的人会给它准备这样的诱饵，例如一小块臭肉、死鱼或者死青蛙。到晚上，它会从自己的洞里钻出来，在水底游动，寻找食物。虾游动的时候头朝前（它逃跑时只会后退）。

捕虾的人做两个直径三十至四十厘米的木制或铁质圈箍，在上面套个网字，就做成捕虾网了。他们会在上面绑上诱饵，并绑得非常紧，防止虾第一次就把诱饵拖走。他们用一根细绳子把捕虾网绑在木杆的一端，从岸边将其放进水底。在虾聚集的地方，很快就会有很多虾进网，一旦进去，它们就出不来了。

还有更复杂的捕虾方法，不过最简单、收获最大的方法是直接捕。在水浅的地方，赤脚走在水底，直接用手捏住虾背，把它从洞里拿出来就行。当然，虾螯偶尔会夹到手，不过这一点都不可怕，建议你捕虾的时候千万不要胆小。

如果你随身带着一口锅，还带着盐和莳萝，那么直接在岸边烧开一锅水，里面放上盐和莳萝，直接把虾丢进锅里煮一下就成。

夏季温暖的夜晚，满天星辰，在湖边或河边的篝火旁，吃着美味的虾，人生实在太惬意！

集体农庄新闻

采浆果

黑麦已经窜到一人多高，正在开花。有只公鸡带着自己的妻子在黑麦田里散步，姿态就像在森林里一般。它们的小鸡仔，都跟一个个圆嘟嘟的小球一样，在后面跟着，这些小鸡仔全都破壳而出，离开鸡窝了。

集体农庄庄员们现在正忙着割草，有的用手，有的用割草机。割草机正在牧场上忙碌，挥动着光秃秃的翼片，后面是倒下的高牧草，全都鲜嫩多汁，散发着青草的芳香，都整整齐齐地躺在那里，就像用尺子量着割的一样。

菜园里的菜畦里也长出了绿色的杂草，小伙伴们正在帮忙除草。

小姑娘们约男孩子们去采浆果。本月初，向阳的山坡上已经结满了甜甜的草莓。现在，森林里黑果越橘和蓝莓也在慢慢成熟。而在森林长满苔藓的沼泽地里，云莓果由白变红，由红变成金黄。你喜欢什么浆果，赶紧去采吧！

这些孩子们原本可以多采一会儿，不过家里的事情太多了：得打水浇菜园，还得给菜畦除草。

意见书来了

牧场里的牧草发来了意见书。它们投诉说，集体农庄庄员正在欺侮它们。牧草们正准备开花，其中的一些已经开花了。穗状花序长出了羽毛般的花柱，细细的花柱上面挂着沉重的花粉。

忽然，割草机来把地里的所有草都给割没了。现在还提什么开花啊！还得不断地生长。

《森林报》通讯记者已经把整件事情都调查清楚了。原来，集体农庄庄员把割下的草都拿去晾晒了，这样才能得到干草。牲畜整个冬天都需要充足的干草当饲料。

神奇的除草剂撒满了田野

神奇的药水落到杂草上，杂草就枯萎死掉了。

对它们来说，这种药水是致命的。这样神奇的药水落到庄稼上，庄稼仍像以前那样，精神抖擞地快乐生长着。这种药水对它们来说是活命的药水，不仅不会给它们带来危害，还有利于它们的成长，因为可以清除它们的天敌——杂草。

太阳下的受害者

"共青团员"集体农庄里的两只小猪仔被太阳晒伤了背，都晒起泡了。农庄庄员立刻请来兽医给小猪医治。现在，小猪仔即使在猪妈妈的陪同下，也不允许在天热的时候出去散步。

有两个避暑的人失踪了

不久前来避暑的两个人从"河岸"集体农庄神秘消失了。人们找了很长时间，最终在干草垛里找到了她们。那里距离"河岸"集体农庄足足有三公里远。

这两位避暑的人迷路了。事情是这样的。她们早上出去游泳时，走的是一片淡蓝色亚麻田里的小路。下午等她们准备回家时，却怎么也找不到那片蓝色的田野了，她们就这样走错了路。

这两位避暑的人不知道，亚麻花是在大清早盛开，白天会谢掉，因此，亚麻田也会由天蓝色变成绿色。

母鸡的疗养地

今天一大早，集体农庄的母鸡都出发去了疗养院。它们的路途十分舒服：不仅坐车，还坐在自己的房子里。母鸡的疗养院在一块空闲的庄稼地里。庄稼已经被收割，只剩下了麦茬和落在地里的麦粒。为了不让这些麦粒白白浪费掉，才把这些母鸡运到这里。这里将变成一个完整的鸡村，不过不是永久的，只是暂时的。这些母鸡把落在地里的麦粒都啄食干净后，将再坐上车，去下一个地方，去啄食新的麦粒。

绵羊的担忧

绵羊妈妈非常担心，因为有人把小绵羊从它们身边带走了。但是总不能让三四个月大的绵羊再待在妈妈身边吧？现在是时候让它们适应独立的绵羊生活，自己组群去吃草了。

准备上路

悬钩子、茶藨子、醋栗这些浆果都成熟了。需要把它们从集体农庄和国营农场运到城市里。

醋栗不害怕远途运输：

"把我运走吧，我能坚持得住。越早上路越好。我暂时还没有完全成熟，还硬邦邦的。"

而茶藨子说道：

"请仔细点儿把我摆好，我也能完整地到达。"

而悬钩子早就没精神了：

"最好不要动我，让我留在原地！坐车太恐怖了。生命中最为可怕的是摇来晃去。晃呀、晃呀，最后变成了一堆烂泥。"

混乱的食堂

"五一"集体农庄的池塘里竖着几个木桩,这是"鱼食堂"的招牌。每一个这样的水下食堂里都有一张带边的桌子,不过没放椅子。

每天早上,木桩周围的水就好像沸腾了一样,鱼儿们正急不可耐地等待早餐上桌。鱼儿没有很强的纪律性,全都互相拥挤、推搡。

七点钟,厨房会安排小船来食堂上菜,有煮熟的马铃薯,有各种草籽做成的面糊,还有晒干的金龟子和其他美味的食物。

在这个时间,食堂里的鱼可真够多的,每个食堂里都有四百多条鱼吃早餐。

一位女少年自然界研究员的故事

我们的集体农庄附近有一片橡树林。布谷鸟很少会飞到这片林子里来。它们来了叫上一两声,就会立刻飞走。而今年夏天,我经常听到它们在林子里"布谷——布谷"地鸣叫。这时,集体农庄的牲畜群恰好被放到林子里吃草。大家都在吃午饭,忽然,一个小牧童跑过来,嘴里喊着:"奶牛都发疯了!"

我们所有人都赶紧跑进橡树林。那场面可真够吓人的!奶牛都嚎叫着,到处乱窜,还用自己的尾巴抽打着背部,有的还不管不顾地往树上撞。再这样下去不是把自己撞死,就是把我们都踩死。

我们赶紧把牛群赶到了另外一个地方。到底发生了什么事?

这件事全怪毛毛虫。这些浑身褐色的大毛毛虫就像小野兽一样,爬满了橡树,甚至一些树枝都变得光秃秃的了,上面的叶子全被啃掉了。毛毛虫的毛落下来,被风吹得到处都是,有的落到牛的眼睛里,刺痛了它们的眼睛,让它们发了疯!

你看,到处都是布谷鸟!一辈子都没见过这么多布谷鸟!除了它们外，还有黄中带黑的黄鹂鸟，也有全身樱桃红色、翅膀带蓝色的松鸦，全都从周围地区飞到了我们这儿的橡树林里。

简直不能想象，橡树全都挺过来了。不到一周，所有的毛毛虫都被消灭干净了。这些鸟太厉害了，不是吗？如果不是它们，我们这片橡树林就完了。那就太可怕了！

尤拉

林野特辑

捕猎的对象不是小鸟和野兽

夏天捕猎的对象既不是小鸟，也不是野兽。更准确点儿说，这不算狩猎，而是战争。夏天，人类有很多敌人。举个例子，我们开辟出一片菜园，种上蔬菜，每天都浇水，可是你如何保护它们免受天敌的破坏呢？

只在杆子上扎个稻草人还远远不够。稻草人可以吓唬麻雀和其他鸟类，不过也收效甚微。

菜园里有些敌人是吓不住的，它们甚至连带武器的人都不害怕。你没法用棍子砸，也没法用枪打。

要想对付它们得用点小计谋，需要敏锐、警觉的眼睛。它们的个头很小，会被当做其他东西。

能蹦会跳的敌人

蔬菜上出现了一种甲虫，个头不大，全身黑色，背上长着两条白色的条纹。它们就像跳蚤一样，从一片叶子跳到另外一片叶子上。这时候你可要小心了，菜园正面临危险。

这是一种可怕的敌人，名叫跳甲虫。只要两三天的时间，它们就能毁坏几公顷的菜园。它喜欢啃食那些还没长大的嫩菜叶子，让这些菜叶变得千疮百孔，整个菜园都会完蛋！萝卜、芜菁、甘蓝、卷心菜尤其害怕这种甲虫。

消灭跳甲虫

要消灭跳甲虫必须采用以下这种方法。准备几根长矛，绑上旗子，旗子两面都涂上厚厚的胶水，下端不涂（大约七厘米）。

带着这样的装备走进菜园，走过一排排的菜畦，在蔬菜上方挥动旗子，用没涂胶水的地方靠近菜叶。

这样，跳甲虫会向上跳，粘到旗子上去。不过这时还不能认为自己获胜了，新一波害虫还会侵袭菜园。

第二天必须早起，趁草上还没露水，用细筛子把炉灰、草木灰、熟石灰撒到蔬菜叶子上。如果是大的集体农庄，这项工作不能靠手工完成，而是要从飞机上撒这些东西。

这样不会给蔬菜带来危害，却能消灭菜园里的跳甲虫。

会飞的敌人

比跳甲虫更可怕的是蝴蝶和飞蛾。它们会不动声息地在蔬菜叶子上产卵。等到毛毛虫从卵里孵出来，会立刻啃食蔬菜的叶子和茎。

最危险的蝴蝶有几种：白天出没的有大菜粉蝶（个头较大，长着白色的翅膀，上面带有黑色的斑点）和白粉蝶（外形跟大菜粉蝶差不多，不过个头较小）；晚上出没的有小菜蛾（个头较小，翅膀下垂，前面赭黄色）、甘蓝夜蛾（全身毛茸茸的，灰褐色）、菜蛾（个头很小，全身灰色，跟衣蛾很像）。

必须用手消灭它们。找到它们的卵后，直接用手捏碎就可以了。还可以用对付跳甲虫的方法，弄些炉灰、草木灰、熟石灰撒上就行。

还有比上面那些更可怕的敌人，它们会直接攻击人。

这些敌人是蚊子。

在一些有死水的地方，会有一些毛茸茸的软底小虫子在水面上游动，它们的个头勉强能让人眼注意到。它们的头长得很大，跟身形不是很相配，上面还长着触角。

这是蚊子的幼虫和蛹。沼泽地里还有它们的卵，有的粘连在一起，像小梭子一样在水面游动，另外一些则附着在沼泽地里的草上。

两种不同的蚊子

有两种不同的蚊子。如果被其中一种咬到，人会疼一下，身上起个包。这是普通的蚊子，不会有什么危险。如果被另外一种咬到，人会患上沼泽热病——科学家称其为疟疾。患上这种病的人先发热，而后又觉得冷，会浑身颤抖、呕吐。一两天后，又会发热。

这是疟蚊。下图中右面的是疟蚊，左面的是普通蚊子。

两种蚊子的外形十分相像，不过雌疟蚊的口器（刺吸式）旁边还有触角。（雌）疟蚊的口器上有很多有毒的微生物。当这样的蚊子吸血时，微生物会进入人类的血液，破坏血液的构造。

人就是这样患上疟疾的。

科学家通过高倍显微镜研究了蚊子的血液后才明白这一切。你用肉眼看不出来。

消灭蚊子

如果用手，根本打不尽所有蚊子。

科学家们趁它们的幼虫还在水里时，先对付幼虫。

你用玻璃瓶从沼泽地里舀一瓶子水，再往里面滴一滴煤油，看看会发生什么。煤油就像其他油一样，扩散至整个水面。幼虫像蛇一样扭动起来，而毛茸茸的蛹先沉到水底，很快又会浮上来。

幼虫用尾巴、蛹抬起触角，想冲破煤油层的束缚。

不过煤油布满了水面，不留一点缝隙，蚊子的幼虫无法呼吸，全都被闷死了。还有很多其他的方法可以对付蚊子。

住在沼泽区的人们可以在有死水的地方滴几滴煤油，避免蚊子的侵扰。

每个月给水库滴一次煤油就可以杀死蚊子的所有后代。

稀奇事

我们这里发生了一件稀奇事。牧人的助手从牧场跑回来，喊道："小牛被野兽咬死啦！"

集体农庄庄员都惊叫起来，而女挤奶工直接嚎啕大哭起来。

这可是我们这里最好的小牛，甚至还在展览会上得过奖章呢。

所有人都抛下手中的工作，跑去牧场看到底出了什么事。

我们这里的牧场比较远，靠近森林，小牛的尸体就躺在那里。它的乳房被咬掉了，脖子后面也被咬破了，其他部位倒没有伤口。

"肯定是熊干的，"猎人谢尔盖说道，"它经常会这样做，把猎物咬死之后就扔在那里，等到猎物的肉腐烂发臭时再回来吃。"

"肯定是这样，"猎人安德烈同意谢尔盖的说法，"没有别的解释。"

"让所有人都散了吧，"谢尔盖说道，"我们在树上弄个观察台，熊今天晚上不来的话，明天晚上肯定来。"

他们相互讨论的时候才记起来，我们这里还有一个猎人塞索伊·塞索伊奇。他的个头不高，站在人群中不显眼。

"要不要跟我们一起守？"谢尔盖和安德烈问他说。

塞索伊·塞索伊奇没有吭声，他走到一旁，仔细看了看地面上的什么东西。

"不，"他说道，"熊是不会来这里的。"

谢尔盖和安德烈耸了耸肩。

"随便你。"

集体农庄庄员都散开了，塞索伊·塞索伊奇也走了。

谢尔盖和安德烈砍了些树枝，在附近的松树上搭了个观察台。

塞索伊·塞索伊奇拿着枪，带着自己的北极犬又回来了一次。

他仔细看了看小牛尸体周围的泥土，不知为什么还看了看周围的树。

过了一会儿，他就往森林里去了。

那天夜里，谢尔盖和安德烈埋伏在观察台上。

他们坐了一夜，野兽没来。

他们又守了一夜，野兽还是没来。

第三个晚上也没有。

两位猎人的耐心也被耗尽了。他们对彼此说道：

"塞索伊·塞索伊奇肯定是发现了我们没有注意的线索。你看看，他是对的，熊根本没来。"

"我们去问问他？"

"去问那只熊？"

"问什么熊？我是说去问问塞索伊奇。"

"现在也没别的办法了，只能这样了。"

他们来找塞索伊·塞索伊奇，而塞索伊刚好从森林里回来。

他把一个大口袋往角落里一卸，擦起枪来。

谢尔盖和安德烈说道："您是对的，熊没来，这是为什么呢？请告诉我们吧。"

塞索伊·塞索伊奇问他们说："你们什么时候听说过熊咬掉了牛的乳房，却不吃牛肉？"

两个猎人你看看我，我看看你，都同意塞索伊的说法，熊不会搞这样的恶作剧。

"你们有没有看看地上的脚印？"塞索伊·塞索伊奇继续问道。

"嗯，我们都看过了，脚印很宽，有二十五厘米宽呢。"

"那爪子印大不大呢？"

两位猎人都有些不好意思了。

"我们没注意到爪子印。"

"这就是了。如果是熊的脚印，首先得看爪子印。现在你们说说，什么野兽走路时的爪子是缩起来的？"

"是狼！"谢尔盖脱口而出。

塞索伊只是哼哼了一声，说道：

"真是个追捕野兽的行家！"

"胡说八道，"安德烈说道，"狼的脚印跟狗的脚印一样，只不过稍微大一点儿，窄一点儿。是猞猁，是的，猞猁走路时确实会缩着爪子，它的脚印是圆形的。"

"这才对了，"塞索伊·塞索伊奇说道，"就是猞猁咬死了小牛。"

"你没开玩笑吧？"

"不信，你看看袋子里是什么。"

谢尔盖和安德烈都跑到袋子跟前，解开后发现，里面是一张带着斑点的棕红色大猞猁皮。

也就是说，这才是咬死小牛的凶手！至于塞索伊·塞索伊奇如何在森林找到这只猞猁，并杀死了它，只有他本人和他的猎狗佐尔卡知道。他们虽然知道，却没跟任何人讲过。

　　猞猁袭击小牛这样的事情极为少见。不过你看，我们这里就发生了这样的事情。

来自全苏联各地的无线电通报

注意！ 注意！《森林报》 编辑部呼叫

今天是 6 月 22 日，是一年中白天最长的一天，我们正在发布全苏联各地的无线电通报。

呼叫冻土区、泰加森林区，呼叫草原、高山、海洋。

请你们说说在这盛夏时节，在白天最长、夜晚最短的一天，你们那里都发生了什么事。

喂！ 喂！ 这里是北冰洋

你们还提什么夜晚啊？我们已经忘记夜晚和黑暗是什么样子了。

白天最长的一天，我们这里完全没有黑夜。太阳升起来后，又从空中落下去，不过不会落到海平面以下。这样的日子持续了大约三个月。

天不会黑，所以，地上的草、树叶和花都长得非常快，速度已经不能按天计算，要按小时计算了。沼泽里长满了苔藓，甚至光秃秃的石头上都长满了五颜六色的植物。

冻土带也热闹起来啦。

确实，我们这里没有漂亮的蝴蝶和蜻蜓，也没有敏捷的蜥蜴，更没有青蛙和蛇。我们这里也没有冬天在洞穴里冬眠的野兽和小兽。我们的土壤被永久的寒冷给封住了，即使仲夏时分，也只有表面的冻土会融化。

蚊子像乌云一样在冻土上空飞行，但我们这里没有灵敏的蝙蝠，它们可是著名的"吸血鬼"的克星。它们只有晚上和夜里才出来捕食蚊子，而我们这里没有黑夜和黄昏，即使让它们只是夏天飞来，也没办法活下去。

我们这里，不管是哪个岛，上面的野兽都不多。只有兔尾鼠（一种个头跟老鼠差不多的短尾啮齿动物）、雪兔、北极狐、驯鹿。体型巨大的北极熊很少会从海里游到我们这里来，它们会在冻土带活动，寻找猎物。

不过我们这里的鸟却多得数不胜数！尽管有树阴的地方还有积雪，它们却成批成批地飞来了。这里有角百灵、北鹨、鹡鸰、雪鹀——都是些善鸣的鸟。数量更多的是鸥鸟、潜鸟、鹬、野鸭、大雁、管鼻鹱、海鸟、搞笑的大鼻子花魁鸟。还有很多其他奇特的鸟，你可能连听都没听说过。

到处都是鸟儿的鸣叫声、嬉闹声和歌唱声。整个苔原上，包括光秃秃的山崖在内，都是密密麻麻的鸟巢。其中一个山崖上有几千个鸟巢，所有的石洞都被占了，甚至连只能放下一颗蛋的小石洞也成了鸟窝。这里到处都是喧闹声，可谓是真正的鸟群栖息地。如果有野兽靠近，成群结队的鸟会像乌云一样朝它扑过去，用嘴啄它，全都不遗余力地保护自己的孩子。

你看，我们这里的苔原可真够热闹的。

你们可能会问："如果说你们那里没有黑夜，那么野兽和小鸟什么时候休息、什么时候睡觉呢？"

它们几乎不睡觉，因为没时间睡。它们眯上几分钟，立刻开始工作：有的忙着喂自己的宝宝，有的在建巢，有的在孵蛋。所有动物都忙得不可开交，我们这里的夏天很短，所有事情都得赶着去做。

冬天睡觉来得及，到时候可以睡够一年的。

来自中亚沙漠的播报

我们这里的情况刚好相反，所有人都在睡觉。

炽热的太阳把植物都烤干了。最后一场雨是什么时候下的，我们已经记不起来了。不过更令人惊讶的是，并不是所有植物都被旱死了。

骆驼刺只有不到半米高，却很聪明。它的根能扎到被烤热的地面以下五六米的深处，汲取地下水。其他灌木和草类没长叶子，只长了纤细的绿色茸毛，这样可以减少水分的蒸发。我们这里有一种不高的沙漠树，名叫梭梭，现在已经长高了，你根本看不到它的叶子，因为它只长了细树枝。

现在正在刮风，扬起的尘土就像失去水分的乌云一样，把天空遮住了。忽然不知从哪儿传来了咝咝和呼啸声，就好像几千条蛇在吐着信子。

不过这不是蛇的声音，而是大风刮过梭梭林引起的咝咝声、呼啸声。

蛇正在睡觉。黄鼠和跳鼠的天敌红沙蛇正藏在深深的沙子里面休息。

这两种小兽也在睡觉。细腿的黄鼠躲在自己的洞里睡大觉，它用泥土塞住洞口，防止阳光照射进来。它只在早上出来找食物吃。它得走很多路才能找到没被烤干的植物。黄鼠完全藏进了地底，会沉睡很长时间：它要睡过整个夏天、秋天和冬天，一直等到春天到来时才会醒来。一年当中，它出来活动的时间只有三个月，剩下几个月会一直沉睡。

蜘蛛、蝎子、千足虫、蚂蚁也都避开了灼热的太阳：有的藏到了石头下面，有的钻进了地里，全都到晚上才出来。不管是敏捷的蜥蜴，还是行动迟缓的乌龟，根本找不到它们的踪影。

野兽们都迁移到了沙漠边缘，这里比较靠近水源。鸟儿们早就抚养大了雏鸟，带着它们一起飞走了。留在这里只有飞得很快的沙鸡。对于它们来说，飞到一百公里外的小河简直就是小菜一碟。沙鸡在那里喝饱水之后，再把嗉子里装满水，带回来给自己的宝宝喝。只有自己的宝宝学会飞行后，沙鸡才会离开这个可怕的地方。

只有我们才不怕沙漠。我们使用先进的技术挖了很多灌溉渠，把远山上的水引到这里来，好让荒芜的沙漠变成碧绿的草场和田野，再在这里开辟出花园，种上葡萄。

在无人的地方，风是沙漠里的王者。它也是人类的劲敌。它吹着沙丘移动，把它们推到村庄，淹没住房。不过我们人类并不害怕风：有水和植物的帮助，风根本无法穿越人类设下的防线。在我们实施人工灌溉的地方，树木和草类像墙壁一样立在那里。它们无数的根系扎在沙子里，让沙丘无法移动到我们这里。

确实，夏天的沙漠跟苔原一点儿都不像。太阳一出来，所有生命便会进入梦乡。夜晚虽是漆黑一片，不过，被无情的太阳弄得疲惫不堪的弱小生命，也只有夜晚才出来活动。

喂！喂！这里是乌苏里原始森林

我们这里的森林非同一般，既不是西伯利亚的针叶林，也不是热带雨林。这里不光有松树、落叶松和云杉，还有阔叶树木，上面还缠绕着带刺的藤蔓和野葡萄。

我们这里的野兽有驯鹿、印度羚羊、普通棕熊、西藏黑熊、黑兔、猞猁、豹、狼、老虎、红狼和灰狼。

我们这里的鸟类有体型较小的灰色花尾榛鸡、毛色华丽的野鸡、灰色的苏联雁、白色的中国雁、普通野鸭，还有羽毛鲜艳、长相怪异的鸳鸯，以及长着白脑袋、大嘴巴的朱鹭。

白天，森林里面又闷热又昏暗，阳光根本无法穿透层层叠叠的树冠。

我们这里的夜晚黑漆漆的，其实白天也很昏暗。

所有的鸟都已经产下蛋或者孵出了雏鸟，所有野兽的幼崽都在慢慢长大，现在正忙着学习捕食呢。

来自库班草原的播报

我们这里的田野平坦宽阔、一望无际，各式收割机已经收割完了庄稼。火车已经把我们这里的小麦运到了莫斯科和列宁格勒。

雕、老鹰、鸢、隼正在收割完的庄稼地上空盘旋。

现在是时候对付那些破坏庄稼的老鼠、田鼠、黄鼠和仓鼠了，从远处都能看到这些坏家伙从洞里钻出来。在庄稼还没收割之前，这些坏家伙吃了不少粮食，光想想都让人心疼。

它们正忙着捡拾落在地上的麦粒，把麦粒往地下的仓库里运，好储备着过冬吃。不过有些猛禽和野兽也不甘落后：狐狸会捕老鼠，白色的艾鼬也会帮助我们，毫不留情地消灭一切啮齿动物。

来自阿尔泰山的播报

深深的山谷里又闷热、又潮湿。在夏季灼热太阳的烘烤下，露水很快就会蒸发掉。一到晚上，草原上会升起浓浓的雾气。水蒸气上升到空中，在山坡上不断聚集潮气，冷却后变成云彩萦绕在山头。早上你去看一眼，会发现山上云雾缭绕。

而白天，高高的太阳又把水蒸气变成了水滴，于是，雨水便从乌云里倾泻而下。

山上的积雪不断融化。只有最高的山顶上才留有永久积雪和终年不化的冰——这里是一整片冰川。在很高的山顶，天气仍然十分寒冷，即使大中午的太阳也无法将冰川融化。

而在山脚下，雨水和融化的冰雪涓流，都汇集成小溪流，沿着山坡奔泻，在有陡峭山崖的地方形成瀑布，最终流进河里。河水因为水量过足，常常会溢出河岸，泛滥成灾。这是一年当中的第一次春汛。

我们这里的山上什么都有：山坡脚下是原始森林，再往上是肥沃的高山牧场，接下来就像遥远寒冷的苔原一样，到处都是苔藓和地衣，最上方是冰雪。这里就像北极一样，永远都是冬天。

不管是野兽，还是鸟儿，都不会栖息在这样可怕的高处。只有强壮的老鹰和秃鹫才会飞到那里，用它们敏锐的眼睛从云彩下面寻找猎物。再往下，就好像一个多层建筑一样，每层都住着不同的住户。

最上面的一层是光秃秃的山崖，只有公山羊才会去那里。再往下点住着母山羊和它们的山羊宝宝，还有个头跟火鸡差不多的雪鸡。

盘羊群在肥沃的高山草地上吃草，会吸引雪豹前来捕猎。这里还有成群的旱獭和会唱歌的鸟儿。在更靠下的原始森林里栖息着花尾榛鸡、松鸡、鹿、熊等。

以前，庄稼只能在山谷里种植，现在开垦的耕地越来越高。不过，我们在高处耕地不用马，而是用长毛长腿的牦牛。我们会付出很多劳动，这样才能从这里的土壤里获得最好的收成。我们一定会有大丰收！

喂！ 喂！ 这是来自海洋的播报

我们伟大的国家濒临三个海洋：西靠大西洋，北靠北冰洋，东靠太平洋。

我们乘船从列宁格勒出发，经过芬兰湾和波罗的海，进入大西洋。我们在这里会经常遇到外国的船只，有英国的、丹麦的、瑞典的、挪威的，里面有商船、客船，也有捕鱼的船。他们在这里捕鲱鱼和大西洋鳕鱼。

　　我们从大西洋来到了北冰洋。沿着欧洲和亚洲的海岸走过了北方大航线。这是我们的海洋，是由我们勇敢的俄罗斯人开辟的航线。这条航线曾因为满是成片的冰川和数不尽的致命危险而被认为是不可经过的。现在，强大的破冰船在前面开路，我们的船长带着整队的商船跟在后面穿过这条航线。

　　我们在这个荒无人烟的地方见到了很多神奇的事情。我们靠右沿着墨西哥湾暖流前行。前方有很多冰山，在阳光的照射下闪闪发光。我们还从水里逮到了鲨鱼和海星。

　　随后，这股暖流转向北方，一直朝北极流去。那里全是巨大的冰块，这些冰块随着水慢慢移动着，一会儿分开，一会儿又合到一起。我们的飞机在空中观察着，告诉船上的人怎么穿过冰块向前航行。

　　在北冰洋的很多岛屿上，我们看到了成千上万只正在换毛的大雁，全都可怜巴巴的。它们褪去了翅膀上的大羽毛，现在没办法飞行。只要步行着就可以把它们撵进网栅栏里。我们还看到了想爬上冰山休息的海象。它们全都体型巨大，长着大獠牙。这里还有各种各样令人惊奇的海豹：有个头较大的髯海豹，还有冠海豹，后者的脑袋会忽然膨起一个皮囊，就像戴着安全盔一样！我们还见到过长着尖利牙齿的虎鲸，它游泳的速度极快，会捕食鲸鱼和鲸鱼幼崽。

　　至于鲸鱼，等我们到了太平洋再说，那里的鲸鱼数量更多，再见！

夏·第二期

雏鸟新生之月

7 月 21 日—8 月 20 日

太阳落入狮子座

一年是一部分成十二个月的太阳诗篇

森林里的新生命

七月是盛夏，一直不遗余力地管理着一切。它让黑麦朝大地深深地鞠起了躬。燕麦已经穿上长袍，而荞麦却连衬衫都没穿上。

绿色的植物把阳光转化成了自己身体的能量。成熟的黑麦和小麦如同金色的海洋一般，我们将其储备起来，足够吃一年的。我们还给家畜储备了饲料，割了很多青草，堆起来很多像小山一样的干草垛。

小鸟全都安静起来。它们现在没工夫唱歌，所有的鸟巢里都孵出了雏鸟。雏鸟刚出生时浑身光溜溜的，眼睛也看不见，需要父母照顾很长时间。地面上呀、水里呀、森林里呀、空气中呀，全都有雏鸟的食物，足够所有鸟吃了！

森林里到处都是多汁的小果实：草莓、黑果越橘、蓝莓、茶藨子。北方结满了金色的云莓，而南方的果园里挂满了欧洲甜樱桃、麝香草莓、樱桃。牧场脱掉了金色的外衣，换上了满是洋甘菊的裙子，白色的花瓣反射着太阳炽热的光线。太阳神这时候可不是开玩笑的，它的爱抚能把很多东西都烧尽。

森林要闻

都有几个宝宝?

一只年轻的母驼鹿住在罗蒙诺索夫城郊外的大森林里。它这时刚刚产下一只小鹿。

白尾雕的巢也在这片森林里。它的巢里有两只雏鹰。

黄雀、燕雀和鸫各自有五个宝宝。

蚁䴕孵出了八只雏鸟。

银喉长尾山雀有十二只雏鸟。

灰山鹑有十二只雏鸟。

在刺鱼的巢里,每个鱼卵都孵出了一条小刺鱼,总共有上百条小刺鱼。

欧鳊的卵孵出的小鱼有几十万条。

大西洋鳕鱼孵出的小鱼数不胜数,大概有上百万条。

无人照管的宝宝

欧鳊和大西洋鳕鱼完全不关心自己的孩子。它们产下卵后会立刻离开,至于孩子们如何孵化、如何生存、如何养活自己,它们一概不管。

如果你有几十万个孩子,这种做法也很正常,你根本照管不过来。

你看青蛙只有一千个孩子,它也完全不想去照顾它们。

当然,无人照管的宝宝并不容易生存。水里有很多贪吃的巨兽,它们都喜欢美味的鱼子和青蛙卵,也喜欢刚孵出来的小鱼和蝌蚪。

在小鱼和蝌蚪没长大之前，很多都被吃掉了。它们面临着多少危险啊?! 光想想都觉得可怕。

对孩子关怀备至的父母

母驼鹿和各种小鸟的妈妈都对自己的孩子关怀备至。

母驼鹿愿意为自己唯一的孩子牺牲性命。如果熊去攻击它，它会跳起来，胡乱蹬着前后腿，用蹄子乱踢一气。经过这么一出后，熊下次根本都不敢靠近它的小驼鹿。

我们的通讯记者在田野里偶然遇到了灰山鹑的儿子。它从他们脚下窜出来，飞速藏进了草丛。他们捉住了这只小山鹑。它叫得可真够起劲的! 山鹑妈妈不知从哪里冒出来，一看自己的孩子被人捉住了，一边飞奔过来，一边咕咕叫着。忽然，它倒在地上，一只翅膀耷拉到地上。

我们的通讯记者以为它受伤了，便放掉手中的小山鹑，朝山鹑妈妈走过去。

山鹑妈妈在地上一瘸一拐地走着，眼看着一只手就能把它捉住。可是你一伸手，它就躲到了一边。我们的通讯记者在后面紧追不舍，忽然，山鹑妈妈扇起翅膀，从地面飞起来，直接消失得无影无踪了。

我们的同事回过头来找小山鹑，发现它早就没影了。这只山鹑妈妈假装受伤，把人们的注意力从小山鹑身上引开，这样才能救自己的孩子。

山鹑妈妈就是这样保护自己的每一个孩子，它的孩子不算多，只有十二个。

鸟儿劳动日

天刚蒙蒙亮，小鸟们便飞出来劳动。

椋鸟一天工作十七个小时，城市里的燕子工作十八个小时，雨燕工作十九个小时，红尾鸲工作二十几个小时。

我自己算了一下。

它们确实不能偷懒。

雨燕要想喂饱自己的孩子，每天带回食物的次数不得少于三十至三十五次。同样的，椋鸟得来回近两百次，城市里的燕子得要三百次，欧亚红尾鸲要四百五十次以上。

整个夏天，它们消灭了多少危害森林的昆虫和幼虫，数都数不过来！

它们一直都在劳动，完全不得休息！

《森林报》记者　斯拉德科夫

沙锥鸟和鵟孵出的雏鸟长什么样子？

刚孵出来的小鵟鼻子上长着一个白色的疙瘩，这是卵齿。当它从壳里出来时，就是用卵齿顶破壳。

小鵟不断成长，最终会长成凶残的猛禽，专门捕捉啮齿动物。而现在，它还是个有趣的小家伙，全身都长着绒毛，视线也不是很好。

它现在是如此虚弱和柔嫩：没有爸爸妈妈的帮助，它连一步都走不了。如果爸爸妈妈不给它喂食，它会被饿死。

在其他鸟儿的雏鸟中间，也有些勇敢的小家伙。当它们从壳里钻出来时，立刻就能站起来，还能自己找食物吃。它们既不害怕水，也不害怕敌人。

你看，有两只小扇尾沙锥坐在那里。它们刚刚从蛋里被孵出来，就立马离开巢，自己去抓蚯蚓了。扇尾沙锥之所以有这么大的蛋，就是为了让小扇尾沙锥长得更高一点。

我们前面提到的山鹑宝宝也很勇敢。它一生下来，就会满地跑。

你看，还有一种小野鸭子，叫做秋沙鸭。它一出生，立刻跑到河边，扑通一声跳进河里，竟然开始游泳！

它已经会潜水，还会伸懒腰，在水面上欠起身子，跟成年鸭子没什么两样。

旋木雀的女儿极其娇嫩，它在窝里待了整整两周，现在才从里面飞出来，坐在树桩上。

你看，它正气鼓鼓地坐在那里，有些不满，因为妈妈很长时间都没来喂它了。

它已经长到三周大，不过仍要妈妈把毛毛虫和其他美食喂到嘴里。

海岛上的殖民地

小海鸥住在一座小岛的沙滩上。

晚上，它们住在沙坑里，每个坑里三只。沙滩上密密麻麻都是海鸥的坑，这是一个巨大的海鸥群落。

白天，它们在父母带领下学习飞行、游泳和捕捉小鱼。

这些成年海鸥一边教自己的孩子，一边机警地保护它们。

当有敌人靠近时，它们就会成群地飞起来，一边用嘴啄敌人，一边鸣叫喧哗着，任何动物碰到这样的场景都会感到害怕。

甚至体型巨大的白尾海雕都会因此落荒而逃。

雌雄互调

我国疆域辽阔，常常有来自全国各地的人给我们写信说，他们遇到了一种令人惊奇的小鸟。这个月见到这种鸟的地方有莫斯科郊外、阿尔泰山、卡马河畔、波罗的海、雅库特和哈萨克斯坦。这种鸟非常漂亮，很讨人喜欢。它很像城市里年轻垂钓者购买的那种颜色艳丽的浮子。这种鸟一点都不怕人，即使你朝它走五步，它还是泰然自若地在岸边游泳，完全不会害怕。

现在，其他的鸟儿都在巢里孵蛋或者喂雏鸟，而这种鸟却成群结队地周游全国。

令人惊讶的是，这种颜色艳丽的美丽小鸟是雌鸟。其他的鸟儿一般都是雄鸟比雌鸟的毛色更加艳丽，也更加漂亮，而这种鸟却完全相反：雄鸟是灰色的，而雌鸟却长着鲜艳的羽毛。

还有更令人惊讶的，这种鸟的雌鸟完全不管自己的孩子。在遥远的北方，在苔原带，这种鸟把蛋产在坑里后就会立即飞走。雄鸟则留在那里孵蛋，给雏鸟找食物，还要保护它们。

雌鸟和雄鸟完全调个儿了！

这种鸟叫红颈瓣蹼鹬。

这种鸟经常飞来飞去，因此你今天在这里看到它，明天可能会在另外一个地方看到它。

可怕的小鸟

身材娇小柔嫩的鹡鸰妈妈孵出了六只光着身子的小雏鸟。其中的五只都很正常，另外一只却长得十分丑陋：它浑身十分粗糙，瘦骨嶙峋，长着一颗大脑袋和两只突出的眼睛，眼皮还耷拉着。如果它张开嘴，你会吓一大跳，因为它的嘴张得很大，简直就是血盆大口。

第一天，它会静静躺在巢里。只有鹡鸰妈妈带着食物飞来时，它才会艰难地抬起自己笨重的大脑袋。等它有气无力地吃完后，立刻又张开大嘴，喊着："赶紧喂我！"

第二天，鹡鸰爸爸妈妈趁着早上的凉爽，都出去找食物了，它才稍微动一动。它垂下脑袋，抵着巢的底，使劲撑开双腿，开始后退。

它屁股顶到了一个小兄弟，开始往它身下钻。它把自己弯曲的还没长毛的翅膀向后伸了伸，像用钳子一样用翅膀抓起自己的小兄弟，就这样背着自己的小兄弟逐渐往后退去，慢慢挪到巢边。

它的小兄弟是那么瘦小、孱弱，眼睛也看不见，趴在它的背上挣扎着，就像勺子里的汤一样，来回晃荡着。而这只丑八怪用头和双脚撑着，把自己的小兄弟越举越高，直到小兄弟靠近巢的边缘。

突然，它忽然全身用力，屁股一撅，它的小兄弟便从巢里摔下去了。

鹲鹆的巢建在河岸的悬崖上。

鹲鹆宝宝十分弱小，全身光秃秃的，"啪"的一声摔到鹅卵石上，立即粉身碎骨。

而这只可恶的丑八怪也差点从巢里掉下去，它在巢的边缘不断地扭动身体，幸亏它的脑袋比较重，才让它重新坠到了巢里。

这件可怕的事情总共持续了两三分钟。

而后，这只丑八怪也累得够呛，在巢里一动不动地躺了十五分钟。

父母飞回来后，它立即伸长干瘦的脖子，抬起沉重的头，闭着眼睛，就好像什么都没发生一样，张开大嘴，吱吱叫着："快来喂我！"

它吃饱后休息了一会儿，又开始收拾自己的另外一个兄弟。

不过这次它没有那么容易应付，因为这个兄弟挣扎得十分厉害，从它背上滚下来了。不过丑八怪并没有放弃。

五天之后，它已经能睁开眼睛。现在只有它一只鸟坐在巢里，其他五个兄弟都被它推出巢去摔死了。

176

它出生十二天之后终于长出了羽毛，这时才真相大白，鹡鸰真是不走运，原来它们一直喂养的是杜鹃的弃儿。

但是它的叫声如此可怜，很像鹡鸰夫妇死去的孩子。当它抖动着翅膀，张着嘴巴要吃的时，是如此惹人怜爱，温柔纤细的鹡鸰根本没法拒绝它，难道还任由它活活饿死吗？

这对鹡鸰夫妇却过着半饥半饱的生活，它们太忙碌了，根本来不及吃饱。它们从日出到日落都忙着逮肥美的毛毛虫，把头伸到小杜鹃的血盆大口里，将虫子塞到它那无底洞一样的喉咙里。

到秋天，小杜鹃已经被喂养长大。它飞走了，一辈子都不会再跟自己的养父母见面。

小熊洗澡

我们认识的一位猎人正沿着森林里一条小河的河岸走着，忽然，他听到树枝发出了一阵很响的噼啪声。他吓了一跳，立即爬上了树。

有只体型巨大的棕色母熊从森林里出来，来到了河边，后面跟着两只快乐的熊宝宝和它们的哥哥。哥哥已经一岁，能帮忙照顾这两个小的。

熊妈妈停下来。熊哥哥用牙齿叼着一只熊宝宝的脖子，把它摁到了河里。

熊宝宝一边尖叫一边挣扎着，不过熊哥哥并没有理会它，直到它在水里好好洗了个澡。

另外一只熊宝宝害怕冷水浴，被吓得想往森林里逃。

熊哥哥追上它，叼住它的脖子，就像对待第一只一样，把它也摁进了水里。

哥哥把弟弟在水里摁了几次后，忽然，弟弟不小心掉进了水里，开始大叫起来！熊妈妈立即跳进水里，把儿子拖上了岸。熊妈妈啪

啪给了熊哥哥几巴掌，把它打得嗷叫起来，真够可怜的。

两只熊宝宝重新回到了岸边，都对这次洗澡非常满意。天气炎热，身上浓密蓬乱的皮毛也让它们感到闷热。河水让它们凉爽下来了。

洗完澡后，熊一家子又重新隐没进森林。猎人也从树上爬下来，回家去了。

浆果

很多浆果都已经成熟。人们都在花园里采摘马林果、黑醋栗、红醋栗和刺李果。

马林果长在森林里，是一种丛生灌木。它的枝条很脆，如果你从中间穿过，会碰断它们的枝条。掉下去的枝条在你脚下发出噼里啪啦的声音。不过，这对马林果来说并没有什么损失。就算没人碰断，这些上面还挂着果实的枝条也只能活到秋天结束。而后会有代替它们的新枝条出现。你看，从地下的根茎里发出来多少嫩枝条啊，全都长满了茸毛和细刺。等到下个夏天来临时，已经轮到它们开花、结果了。

在灌木丛里、草丘上和采伐空地里的树桩旁，越橘正在慢慢成熟，有的侧面已经变红了。

越橘成簇地聚集在枝条顶端。有些果实又大又饱满，沉甸甸的，压弯了枝条，躺到了苔藓上。

如果把这棵灌木挖出来，挪回家，好好照管，上面结的果实会不会更大？不过，直到目前为止，越橘还没办法挪植。而它也是种很有意思的浆果，果实可以保存整个冬天，只要浇上热水，或者捣一捣，就有浆汁出来。

越橘为什么不会变质呢？这是因为它本身有防腐功能。越橘里面还有苯甲酸，正是苯甲酸让它不会变质。

巴甫洛娃

被猫养大的兔子

我们家的猫春天产了几只小猫。后来，小猫都被送人了，恰好这一天，我们从森林里捉到了一只小兔子。

我们把小兔子放到猫妈妈身旁。猫妈妈有很多奶水，很愿意喂养这只小兔子。

就这样，小兔子喝着猫妈妈的奶长大了。它们两个相处得非常愉快，总是睡在一起。

最搞笑的是，猫妈妈教会了自己的小兔子养子如何跟狗打架。只要狗一跑进它们的院子，猫妈妈就会扑到狗身上，狠狠地抓它。小兔子也会跟过去，用前面的爪子打狗的身体，狗身上的毛被抓得一团一团的到处乱飞。周围的狗都害怕我家的猫和它的兔子养子。

小蚁䴕的诡计

我家的猫看见树上有个树洞，以为里面有鸟巢。它想去吃小鸟，便爬上树，看到树洞里面有几条小蟒蛇，全都蠕动着，盘成一个圈，还都嘶嘶叫着。猫被吓了一跳，跳下树，撒腿跑了！

事实上，树洞里根本不是小蟒蛇，而是蚁䴕的雏鸟（歪脖鸟）。这是它们防止敌人侵袭玩的小把戏。它们转动着脑袋，晃动着脖子，它们的脖子能像蟒蛇一样，盘成一个圈。此外，它们还能像蛇那样发出嘶嘶声。不管是什么动物，都害怕蟒蛇的毒液。因此，小蚁䴕才假装成蟒蛇吓唬敌人。

耍花招

一只大䴕看到一只琴鸡妈妈正带着一窝毛茸茸的黄色小琴鸡走过。

它心想，太好了，可以饱餐一顿了。

它在上空瞄准后，准备扑过去，琴鸡妈妈这时发现了大䴕。

琴鸡妈妈叫了一声，小琴鸡们一下子都消失不见了。䴕看了又看，没看到一只小琴鸡，它们好像遁地逃跑了！没办法，它只能飞走去找其他猎物了。

这时，琴鸡妈妈又叫了一声，毛茸茸的黄色小琴鸡全都站了起来。

它们哪也没藏，只是趴在地上，紧紧贴着地面。任谁都没法把它们与周围的树叶、青草和土块区分开来！

食虫花

在森林里的沼泽地上空，有只小蚊子正飞来飞去。它飞累了，想喝点儿水。它看到前方有棵花，茎是绿色的，上面开着铃铛形状的白色小花，下面是深红色的叶子，围在茎的周围，就像烛台的承泪盘一样。叶子上有很多茸毛，茸毛上的露珠泛着银光。

小蚊子飞到叶子上，把嘴伸到露珠上准备喝水，可是这个露珠是黏的，就像胶水一样，粘住了蚊子的嘴巴。

忽然，叶子上的茸毛微微颤动起来，就像触角一样，往前伸过来，把蚊子给捉住了。圆形的叶子合拢起来，把蚊子包裹进去了。

过了一会儿，叶子重新舒张开来，蚊子的躯壳掉在地上——这棵花已经把蚊子的血都给吸干净了。

这是种可怕的食虫花，名叫茅膏菜。它喜欢捕捉小昆虫，并把它们吃掉。

水下的战斗

水下的小动物跟陆地上的动物一样，也喜欢打架。

两只小青蛙潜进水里，看到了一只长相奇怪的小动物。它身体细长，长着四条短腿——原来是只蝾螈。

"你看看这只可笑的丑八怪！"其中一只小青蛙想，"得给它点颜色瞧瞧。"

一只青蛙抓住了蝾螈的尾巴，另外一只扯住了它的右前腿。

两只青蛙一撕扯，便扯下了蝾螈的尾巴和腿，不过蝾螈却逃走了。

过了几天，这两只青蛙在水里又碰到了这只蝾螈。不过现在却真是个丑八怪了：它本该长尾巴的地方长出了一条腿，而该长腿的地方却长出了一条尾巴。

蝾螈的恢复能力比蜥蜴强，扯掉尾巴会再长出一条尾巴，扯掉腿也会再长出腿。只不过有时会出现颠三倒四的情况：被扯掉的地方会长出不属于这个地方的器官。

不是风，不是鸟，而是水

我想趁景天已经开过花，跟大家聊聊这种植物。我非常喜欢这种小植物，最喜欢它肉肉的灰绿色叶子。这些叶子密密麻麻地长在茎上，把茎都遮住了。景天的花也很漂亮，是一朵朵颜色艳丽的五角星。

现在，花朵都已经凋谢，结出了果实，也是一颗颗五角星，不过外形扁平。这些果实全没张开嘴。不过，这并不意味着种子还未成熟。景天的种子在晴朗的日子里总是闭合着。

我现在想让它们张开，于是便从水洼里弄了点儿水。只要一小滴就足够了。你看，等我把这滴水滴到五角星的正中心时，果实的外壳开始慢慢展开，露出了里面的种子。就像很多其他植物的种子一样，景天的种子也不害怕水，它们甚至非常喜欢水。再滴上一滴，种子就会漂起来。它们被水裹着，带到其他地方，被种进了泥土里。

帮助景天传播种子的不是风，不是鸟，也不是其他动物，而是水。我曾经在悬崖的裂缝中看到过景天。这是雨水沿着石壁流淌时，将景天的种子带到了这里。

巴甫洛娃

潜鸭

我来到湖里游泳，看到一只潜鸭正在教自己的宝宝如何在水里躲避人类。潜鸭像小船一样，在水面游泳，而潜鸭宝宝们全都潜到水里去了。它们潜到哪里，潜鸭就会游过去，并四处张望。最后，它们在芦苇丛旁边露出水面，游进芦苇丛里去了。我也开始游泳。

森林记者 瓦连金·波波夫

有趣的小果实

牻牛儿苗是一种杂草，在菜园里经常能看到。它会结出十分有趣的小果实。这种丑陋粗糙的植物会开深红色的花，不过也是朴实无华。

现在，其中的一部分已经凋谢了，在原来花萼的位置竖着一个个"鹳嘴"形的东西，每个"鹳嘴"就是五个尾端连在一起的小种子。不过它们很容易被掰开。每个牻牛儿苗种子的顶端都是尖的，下面还长着尾巴，像硬毛一样。种子的尾端像镰刀一样弯曲着，再往下像个螺丝一样盘旋着。这个螺旋遇潮便会伸直。

我取了一颗小种子放在手掌之间，吹了一口气。只见它转动起来，挠得我的手直痒痒。快看，它在手掌里就待了那么一小会儿，便再次变直了。

这种植物为什么要玩这样的小把戏呢？原因是这样的：种子掉落时，会插到地上，而它镰刀般的尾端会钩住小草。等到天气湿润时，下面的螺旋慢慢展开，种子的尖端会慢慢插入土中。

不过种子也没有退路了。上面的硬毛朝上竖着，紧紧抓住泥土，防止种子被带出来。

你看，这方法可真够狡猾的，植物竟然自己把种子种到土里去了！

牻牛儿苗种子的尾端十分敏感，在湿度计发明之前，人们常常用它来测量空气的湿度。牻牛儿苗的种子被固定在一个地方，尾端朝上，人们根据它尾端的变化确定空气湿度。

巴甫洛娃

小䴙䴘

我沿着河岸走着，看到河面有什么东西，看上去不是鸭子，因为长得不像鸭子，也不是其他的动物。小鸭子的嘴是扁的，而这种东西的嘴却是尖的，我在猜想，这到底是什么动物呢？

我立马脱下衣服，朝着这些"小鸭子"游过去，它们则背对我朝对岸游去。我紧紧跟在后面，眼看就要抓住了，它们却向岸边退去！我追，它们就退。它们沿着河流把我折腾得筋疲力尽，差点没游到岸上！不过还是没能抓到一只。

后来，我又多次遇到过它们，不过不再去追了。原来，这不是鸭子，而是䴙䴘的孩子——小䴙䴘。

森林记者　库拉奇金

夏末的铃兰

8月5日

我们家在小河边有座花园，花园里长着铃兰。与其他花相比，我最喜欢五月开花的山谷百合——这是伟大的科学家林奈用拉丁语给这花起的名字。它铃铛一样的花极其素净，如瓷器般洁白，它的绿茎柔韧，它的叶子清爽湿润，它的香气美妙绝佳。整棵花干净、清新，充满清晨的气息，正是因为这样，我才如此倾心这种花。春天一到，我每天一大早穿过小河，去采铃兰，每次都带回新鲜的一束，养在水里。一整天，屋里都是铃兰的清新香气。在列宁格勒郊区，铃兰经常是六月开花。

而现在已经是夏末，我最爱的铃兰花给我带来了新的惊喜。

一次偶然的机会，我看到铃兰尖尖的大叶子底下有些淡红色的东西。我跪下拨开叶子，看到叶子下面是一些橙红色的小果实，全都硬硬的，像一颗颗椭圆形的水滴。它们看上去如花一般漂亮，好像是想让我把它们做成一对对耳环，送给自己的朋友。

摘自少年自然界研究员维里卡的日记

天蓝和翠绿

8月20日

我今天起了个大早，往窗外一看，立即惊叫起来。绿草全都变成了天蓝色，纯粹的天蓝色！草上挂满了沉甸甸的露珠，全都闪耀着光芒。

如果你把白色染料和绿色染料掺在一起，就能得到天蓝色的染料。原来是落在绿草上的露珠把它们变成了天蓝色。从灌木丛到板棚之间有几条绿色的小径穿过水洼。原来，板棚里有几袋粮食，有一窝灰琴鸡趁人们睡觉的时候，跑到村子里偷食粮食。你看，它们现在就在打谷场上——天蓝色的琴鸡，胸前长着巧克力色的马蹄形大斑。它们的小嘴不断地笃笃啄着。它们这是趁人们还没醒来，加紧啄食。

再往远处去，紧靠森林还有一片未收割的燕麦田，也是天蓝色的。在那里，有个猎人拿着枪经过。我知道，他这是在暗中追踪小琴鸡。不过它们都被自己的妈妈带去田野里找食去了。它们在天蓝色燕麦田里经过时，留下绿色的痕迹，这是因为小琴鸡经过时，会碰掉露珠。猎人并没有开枪，显然，琴鸡妈妈已经把自己的孩子带去森林了。

森林记者　维里卡

请保护森林！

闪电击中干燥的森林，或者人在森林里扔掉没熄灭的火柴，抑或是没把篝火熄灭干净，那就糟糕了。

火苗会像小细蛇一样从篝火里钻出来，躲进苔藓，钻进干树叶堆里。它会突然从干树叶堆里钻出来，舔舐灌木，跑进枯枝堆里……

不要浪费分秒，趁着火苗还在四处逃窜，趁它还是微弱的小火，你还能对付它。赶紧折几根新鲜的带叶树枝，用它们抽打火苗，尽全力敲打，不要让火苗变大，防止它窜到其他地方！也可以喊同伴来帮忙。

如果你手边有铁锹或者坚硬的木棍，赶紧铲点土，把泥土和带草的土扔到火苗上去。

如果火苗已经升起来，从一棵树上窜到另外一棵树上，就变成了树冠火。这时得赶紧跑去找人，敲响火警钟。

追踪报道

森林中的战争（续）

我们的通讯记者来到第三块采伐迹地，树木是十年前被砍伐的。这个地方仍被山杨和白桦掌控着。

胜利者不允许其他任何植物侵入自己的土地。草族每个春天都试图从泥土里钻出来，不过在浓密树冠的遮挡下，它们很快就会枯干。每隔两三年，云杉会结一次种子，把这些"伞兵部队"送到采伐迹地。尽管这样，它们仍来不及从土里发出来：白桦和山杨树苗会妨碍它们的生长。

小树苗的生长速度不是按天，而是按小时计算。它们成群成群地拔地而起，浓浓密密，已经感觉空间不够了。你看，它们彼此之间也开始了斗争。

不管是地上，还是地下，每棵小树苗都希望给自己争取更多的空间。它们在成长过程中变得越来越宽，越来越高大，开始推挤周围的邻居。采伐迹地上你拥我挤，十分混乱。

强大的树苗长得比弱小的树苗高，这是因为前者的根系更强壮，枝条也更长。强大的树木长高后，会把枝条伸到邻居头上，而它的邻居被强大树木的枝条遮挡后，就再也见不到阳光了。

在浓密的树阴下，最后一批弱小的树苗全都死掉了。个头矮小的草族最终破土而出。不过高大的树木并不害怕它们，就让它们萦绕在树底下，给自己取暖吧。这些胜利者的后代——它们的种子掉进又暗又潮的树底下，也会被活活闷死。

而云杉每隔两三年仍顽强地把自己的伞兵部队送到这片采伐迹

地。不过，那些胜利者甚至都没注意到这些小东西。它们能做什么呢？就让它们在这片暗不见天日的地方发芽生长吧。

小云杉树苗终于从土里长出来了。在黑暗和潮湿的围绕下，它们的生活可真够艰难的。即使阳光不多，也足够它们生长了。它们都长得十分细瘦、孱弱。不过，它们不会受到风的吹摧，不会被连根拔起。即使遇上大风暴，白桦和山杨被吹得呼呼作响，树底下却十分平静。

这里养分充足，也不寒冷。小云杉树苗可以避免像在光秃秃的采伐迹地上一样，被春天早上的寒气和冬天的酷寒伤害。秋天一到，落在地上的叶子便开始腐烂，释放出热量。这些热量也会传递给草族。只不过，它们必须耐心忍受树冠底下永久的阴暗。

云杉树并不像白桦树苗和山杨树苗，那么喜爱阳光。它们能够忍受阴暗，能在这里成长。

我们的通讯记者对它们表达了同情之意后，又继续向前，来到了第四块采伐迹地。

我们将继续等待他们的消息。

集体农庄新闻

收割的季节

到收割庄稼的季节了。家乡集体农庄的黑麦田和小麦田就像大海一样，无边无际。一个个麦穗长得既长又结实，全都沉甸甸的，结满了种子。集体农庄庄员们正在卖力劳动。很快，这些黄澄澄的粮食就要像水流一样，流进国家和集体农庄的粮仓里。

亚麻也成熟了。集体农庄员都去拔亚麻。不过他们用的是机器。用亚麻收割机的速度可快多了！女集体农庄庄员们跟在后面，把倒在地上的亚麻捆成小捆，再把一捆捆亚麻垛在一起。十捆堆成一垛。很快，田野里仿佛站满了整齐的士兵。

山鹑爸爸不得不带着自己的妻子和孩子从秋播的黑麦田搬到春播作物田里去。

现在正在收割黑麦。饱满结实的麦穗随着收割机钢牙的前进，成捆成捆地倒在地上。集体农庄庄员们将黑麦扎成捆，再堆成麦垛。一排排麦垛立在田野里，就像正在接受检阅的运动员方阵一样。

菜园里的胡萝卜、甜菜和其他蔬菜都熟了。集体农庄庄员们把它们运到车站，火车会把这些蔬菜运到城里去。这些天，所有的市民都可以吃到新鲜美味的黄瓜、红菜汤和胡萝卜馅饼。

集体农庄里的孩子们正在森林里采蘑菇、成熟的马林果和越橘。哪里有榛树林，哪里就有成群的小孩子，这些天你想赶他们走都赶不掉。他们都忙着采榛子呢，一个个口袋里都装得满满的。

大人们现在没空采榛子。他们正忙着收割庄稼，给亚麻脱粒，还得用快速连接犁耕地、耙土。要知道，很快就要开始秋播了。

大家都很忙

早上，所有集体农庄庄员都去工作了。有大人的地方就有孩子。不管是在割草地，还是在田野里，抑或是在菜园里，孩子们都在帮父母的忙。

你看，孩子们都带着草耙。他们麻利地把干草耙到一起，装到车上，最后送到集体农庄的干草棚里。

孩子们完全不放过任何杂草。亚麻地里和马铃薯地里的苔草、滨藜和木贼都被清除了。

到了拔亚麻的时间，亚麻收割机还没到亚麻地，孩子们就已经提前到了。

他们先把亚麻田四角的亚麻拔去，这样拖拉机上的亚麻收割机收割起来才更方便。

在收割过的黑麦田里也能看到孩子们帮忙的身影。他们负责把麦穗耙到一块，收集起来。

斯拉德科夫区"大田野"集体农场

变黄的田野

我们的通讯记者来到"红旗"集体农庄。他注意到，这个农庄有两块马铃薯田，其中一块面积比较大，是深绿色的；另外一块面积小，已经发黄了。这是因为地里马铃薯的茎已经发黄，好像快死了。

我们的通讯记者决定搞清楚出现这种状况的原因。他给我们发了这样一条消息。

昨天，有只公鸡来到了发黄的马铃薯田里，把土掘开后，叫来了母鸡，开始让它们吃新鲜的马铃薯。一位路过的女集体农庄庄员看到了这一幕后大笑起来，她对自己的朋友说：

"快看！公鸡来收获我们最先成熟的马铃薯了。显然，它知道我们打算明天开始挖马铃薯。"

我们从这些话里明白了，那些茎叶发黄的马铃薯是早熟的品种，成熟得比较快，所以它的茎叶已经发黄了。而在那块面积较大的深绿色田里，种的是晚熟的马铃薯。

松乳菇

集体农庄的森林里已经长出了第一个松乳菇。它长得又结实，又肥大！

菇伞上有个小坑，周围是湿漉漉的裙边。菇伞上沾了很多松针。松乳菇周围的土壤微微鼓起来了。如果你在这里再挖一挖，会找到很多大小不同的松乳菇！

来自远方的信

鸟岛

我们乘船来到了喀拉海东部。周围是无边无际的海水。

站在桅楼上的海员大喊道：

"正前方有座倒立的山！"

"他难道出现幻觉了？"我一边这样想着，一边爬上了桅杆。

我们看到，正前方有座陡峭的小岛，头朝下挂在空中。

陡峭的山崖脚朝上挂在天空中，下面也没有什么支撑着。

"天啊，"我对自己说道，"我肯定是头脑出问题了！"

忽然，我想起来了，"这是反射！"说完开始大笑起来。这是一种神奇的自然现象。在北冰洋的海面上经常会出现反射现象，或者叫"海市蜃楼"。你能忽然看到远方的岸边，或者轮船，都是底朝天。也就是说，它们都在空气中被反射了，就像照相机的取景器一样。

几个小时过后，我们到达了那个远方的小岛。当然，它不像我们最初看到的那样，倒挂在空中，而是稳稳当当地矗立在水中，一个个悬崖峭壁都露出了海面。船长看了看地图，确定了小岛的位置。他说，这是比安基岛，位于诺登舍尔德群岛的入口处。这个岛的名字是为了纪念俄罗斯科学家瓦连京·利沃维奇·比安基①。我们这份《森林报》也是为了纪念他。因此，我想你们可能会有兴趣知道这个小岛看起来怎么样，岛上有什么。

---

① 瓦连京·利沃维奇·比安基（1857—1920）：俄罗斯生物学家，本书作者的父亲。

比安基岛上到处都是林立的悬崖、巨大的圆石和石板。上面既没有灌木，也没有青草，只在某些地方能看到一些淡黄色和白色的小花。在南面背风的山岩上长满了地衣和低矮的苔藓。那里的苔藓很像我们的松乳菇，又软又多汁。我在其他地方从来没遇到过这样的苔藓。在倾斜的岸边堆满了搁浅的木头、树干和木板，都是被海水冲到这边来的，有的可能是来自千里之外。这些木头全都干透了，用手指轻轻一敲，就能听到梆梆的声音。

现在是七月底，这里的夏天才刚刚开始。尽管如此，很多冰块和冰山都在阳光的照耀下，从小岛旁边经过。这里的雾气极其浓密，而且都紧挨地面和水面飘动。即使是从旁边经过的船只，也只能看到桅杆，不过很少有船经过。岛上荒无人烟，也正因为如此，这里的野兽一点儿都不怕人，如果有人带着盐，可以往它们尾巴上撒上一点①。

比安基岛可真是个不折不扣的鸟类天堂。这里没有上万只小鸟同时在一块山岩上做巢的情况出现。很多鸟可以在岛上自由选择筑巢的地方。成千上万的野鸭、大雁、天鹅、潜鸟和各种各样的鹬都会在这里做窝。在它们上方的山岩上住着海鸥、海乌和管鼻鹱。这里的海鸥种类可谓是应有尽有，有白翅的、有黑翅的、有个头小的、有粉色的，还有尾巴像剪刀的。还有体型巨大的猛禽北极鸥，它会捉食鸟蛋、雏鸟和小野兽。也有个头很大、通体雪白的雪鸮。长着白色翅膀、白色胸脯的美丽雪鸮会像云雀一样，飞到空中唱歌。长着黑胡子、黑尖犄角的角百灵在地上边跑边唱。

这里的野兽啊……

我带着早餐，来到海角，坐在了岸边。我坐在那里，兔尾鼠开

---

① 俄罗斯俗语，表示捕捉。

始在我周围乱窜，这是一种个头不大的啮齿动物，浑身毛茸茸的，全身上下有灰色、黑色和黄色三种颜色。

岛上还有很多北极狐。我在石头堆里看到过一只，它当时正蹑手蹑脚地朝还不会飞的小海鸥爬去。忽然，大海鸥们发现了它，开始大叫大喊地吓唬它。这个"小偷"把尾巴一收，撒腿就跑！

这里的鸟儿很懂得保护自己，也知道如何不让自己的孩子被欺侮。这样一来，很多野兽不得不挨饿了。

我向海上眺望，海面上也有很多小鸟在盘旋。

我吹了一声口哨。忽然，有几个圆圆软软的头从岸边的水里钻出来，黑色的眼睛盯着我，可能在想：这是个什么人啊，怎么还吹口哨呢？

这是环斑海豹，是一种体型较小的海豹。

在更远的地方出现了一只体型巨大的海豹，这是髯海豹。再往远处去是长着胡子的海象，比髯海豹的个头还大。忽然，所有的海豹、海象都钻进水里，各种各样的鸟儿一边叫，一边飞向高空。原来有只北极熊从小岛旁经过，从水下露出了脑袋，这是北极世界最强大的野兽。

我觉得肚子饿了，才猛然想起，自己还带了早餐。我清楚记得把早餐放在了身后的石头上，现在转身一看，早餐没了。石头下面也没有。

我跳起来。

有只北极狐从石头后面窜了出来。

小偷！小偷！抓小偷！就是它偷走了我的早餐，它嘴里还含着我包夹肉面包片的纸呢。

这个岛上的小鸟可真够厉害的，竟然让正派的野兽做出了这样的事情！

远航领航员　基里尔·马尔丁诺夫

194

吉特·维里卡诺夫的故事

垂钓人的故事

　　我喜欢带着鱼竿去河边或湖边钓鱼。你要坐在那里一动不动，也不能发出任何声响，这样才不会把鱼吓跑。过一会儿，你周围就会有很多小动物出现。你要让自己习惯身边有小野兽和小鸟出现，可能，其中的一些完全会把你看作是不属于动物界的树墩，一个接一个地爬到你身上，完全不会感到害怕。你看，水里的鱼可真多啊！鱼咬钩，或者对我放的蚯蚓鱼饵完全不感兴趣，对我来说，这都是其次的。我经常会盯着一个有趣的东西看得十分入神，完全忘记看一眼浮子。我有时会想这想那，完全不会注意自己已经打盹了。

　　还记得有一次是在夏初，我坐在湖边的悬崖底下。温暖的阳光照射着，鱼儿没睡，我却在那里磕起了头，打起了盹。忽然，头磕得太厉害了，差点从树桩下摔下去。当然，我一下子精神过来，眼神机警地朝四周看了看，看看有没有人看我，有没有嘲笑我。附近一个人都没有，只有几只雨燕在我脑袋上空飞来飞去，忙着逮潜蝇，一会儿又朝悬崖飞去。那里是它们的洞巢，里面可能还有鸟蛋呢。

　　我朝底下的草地看了一眼，我的老天爷，我脚下简直就是克雷洛夫①爷爷的寓言：蜻蜓和蚂蚁！蓝色的蜻蜓坐在草茎上，翅膀就像小飞机一样。它待在那里听蚂蚁的动静。热爱劳动的蚂蚁就在它面

---

　　①　伊万·安德烈耶维奇·克雷洛夫：俄罗斯著名寓言作家、诗人。《蜻蜓和蚂蚁》是他笔下的一篇著名寓言故事。夏天到来时，蜻蜓忙着跳舞，蚂蚁忙着储存粮食，而冬天到了，蜻蜓却因为没有储存粮食而挨饿。此篇故事寓意劳动和游手好闲的对比。

前摆动着自己的触角。那严肃的样子，好像在跟蜻蜓解释着什么。也许是在跟它说，不能整个夏天都忙着唱歌跳舞，还得考虑冬天啊！而蜻蜓扑棱一声，直接飞走了。后来，它又飞到了我的浮子上面。

我会心一笑后，抬起头，看到在那边较低的湖岸上有什么东西泛着白光。我拿起望远镜一看——我钓鱼时总会带着望远镜——我的天啊，竟然有只白色海鸥坐在树桩上！它不像其他海鸥那样，双腿站在那里，而是用肚子贴着树桩，就像列宁格勒海军部大厦和冬宫桥附近趴在底座上的石狮子一样。

真是个好办法！

我不断调整望远镜，树桩上的鸟抬着头，尾巴一会儿朝这儿撅，一会儿朝那儿撅，它们真是疯了！

我感到肚子很饿，甚至都有点恶心了。我心想："得赶紧吃点儿东西！"

我随身带了一篮子维多利亚麝香大草莓，是从家里带的，为的是以防万一。万一自己饿了呢？我一分钟就把这些草莓吃了。麝香草莓非常好吃，跟普通草莓一样！

我坐在那里，看着湖面，心情也平复下来了。岸边的绿色植物已经长高了，绿色治疗神经障碍的效果比缬草滴剂还好。岸边的芦苇也是千奇百怪，有的长着形如灯管一样的褐色东西，有的就像竹子一样，长了很多节，就像长着又长又尖叶子的坚硬笛子一样。芦苇很柔软，如果你用手指按一按，里面就像海绵一样松软，不过它没长叶子。水里什么长不出来呢？

我看了一眼绿色植物后，又开始盯着自己的浮子看。它上下一动，砰一声沉到水里，没再出来。

"太棒了！"我心想，"鱼上钩了！"

我跳起来，把鱼竿一甩。只不过，我的鱼竿上……什么都没有。

鱼竿稍弯成了弧形，而鱼甚至还没露出水面。我不得不开始拉鱼，慢慢拉起卡普纶钓线。我不断拉紧钓线，看到湖水深处有个深颜色的大东西，不过完全辨认不出来。

过了一会儿，我惊呼起来，"天哪，鱼钩上竟然有只野兽！"这只野兽真够丑的：圆圆的脑袋上长着胡子，浑身胖乎乎的，而它的尾巴……这只丑八怪上岸后，我惊呼起来，它的尾巴竟然跟铁锹一样大。

我看到它的模样，被吓得够呛。如果是只珍贵的野兽，我还得为它负责！这只笨东西眼馋我的蚯蚓，竟然一口给吞下去了——得赶紧找个医生来，让他给这只野兽做手术！

原来，这是只海狸，一只海狸宝宝。幸好，它咬得不深，我轻轻把鱼钩从它嘴里拿出来，又把它放回了湖里。它在水里使劲敲打着尾巴，弄得水哗啦哗啦响，我惊得哆嗦了一下。

人们都说，用钓鱼竿钓鱼必须保持安静。你看看现在还安静呢，湖里所有的鱼都被吓跑了！鱼类的习惯是这样的，如果有一条成功逃离了鱼钩，会立马告诉自己所有的朋友："那里有个钓鱼的人，不要往那边去，更不要去碰那条蚯蚓——蚯蚓可都是挂在鱼钩上的！"不过，鱼在水下面不会喊叫，也不能像人类一样互相交谈，难道它们有第三种"信号系统"？它们确实有。它们依靠这个信号系统向自己的同伴发出危险警告。海狸使用自己的爪子划水，尽管它不是鱼，却已经向周围的鱼发出了明显信号，好像在说："赶紧逃命去吧！"

我拿起了钓鱼竿，现在再在这个地方钓鱼已经没有意义了。我沿着岸边继续往前走，来到了灌木丛。我刚把鱼钩抛进水里，忽然从灌木丛里飞出来一只小鸟。它直接朝我的脸飞过来，还一边喊着："切伊①? 切……伊? 切伊?"完全是金丝雀的声音。这只小鸟长得也

_____

① 俄语直译为谁的。

很像金丝雀，不过外形十分丑陋，通身灰褐色。

我只是轻轻用手指碰了碰它，它就飞走了。

我看了一眼它的巢，一下子惊呼起来，里面竟然有五个鸟蛋！它们的个头全都一样大小，而颜色却完全不同！其中一个是天蓝色，上面带着黑色的小斑点，另外一个上面全是红色的小圆点，第三个长满了灰色的斑点，第四个是蓝绿色的，第五个是纯粉色的。你看看，一窝大杂烩！

我对这样的自然奇景感到非常惊讶，不过很快就离开了灌木丛，以防惊扰它们的小个头妈妈，它好像还没放弃自己的巢。

我又重新回到鱼钩旁，看到有只勇敢的小鸟不知从哪儿飞出来。它原来是在另外一个方向，而我则在它相反的方向寻找。这只小鸟对我忽冷忽热，叫声忽大忽小，那样子好像我会去它的巢似的。它用干草做的鸟巢在一种灌木丛里，看样子好像是茶藨子丛。这种灌木不高，大约有一米高。不过这只小鸟已经孵出了雏鸟。它们的个头都还很小，全都光秃秃的，还没睁开眼睛。它们的妈妈十分担心，直接来咬我的手，用自己的小嘴刺我的手，在那儿一直刺！

"英雄，走吧，"我心想，"我会打你的，我现在生气了，你都把我的手弄得湿漉漉的了！小东西，赶紧停止吧，不要再用嘴啄我了。"

我稍微靠边走了走，从灌木枝上找了几条毛毛虫，有大的，也有小的。我走到鸟巢旁边，把手掌伸向小鸟。你能想象吗，它竟然立即明白了我的意图，飞到我手上，抓住一条毛毛虫，准备把虫子带给孩子们。它把虫子递到第一个张开的小嘴里，又朝我飞回来。

一只完全陌生的野生小鸟忽然朝你飞来，对着你叫唤，用小嘴咬你，而当你拿毛毛虫喂它时，它竟然好像什么事都没发生过似的从你手上把毛毛虫捉走，再喂给自己的孩子们！这难道不是件怪事吗？现在，这只小鸟意识到我对它"完全没有任何不良企图"后，就让我安心坐在那里钓鱼了。不过结果还是没能钓到鱼。

我在那里坐了很久，森林里的小布谷鸟开始声嘶力竭地叫起来。听到它的抱怨声，我感觉自己的心脏都要爆炸了。这很像我年迈的祖母凄苦的小曲：

> 在小河对岸的远方，
>
> 有时会响起一阵叫声：
>
> "咕咕！咕咕！"
>
> 它的孩子走丢了，
>
> 可怜的鸟妈妈啊！

事实上，任何一个鸟妈妈的悲伤都是因为失去了自己的孩子！我收拾起钓鱼竿，直接回家去了。

吉特·维里卡诺夫

林野特辑

现在雏鸟还没长大，也没完全学会飞行，怎么能去猎野味呢？更何况不能猎杀小鸟。法律也禁止在这个时间段内捕猎野兽和鸟类。

然而，在夏天允许捕猎袭击林中小动物的猛禽、危险的和有害的野兽。

夜晚的恐惧

夏天的夜晚，如果你从家里出来，会听到森林里传出呱呱声、嘎嘎声，叫声十分恐怖，甚至会让人毛骨悚然。

黑暗当中，有时会有一个低沉的声音从阁楼和屋顶传来，好像在喊着：

"快走！快走！快去墓地！"

这时，两团绿色的灯光在黑暗的空中闪闪发光——是一对可怕的眼睛。一团无声无息的阴影一闪而过，还差点碰到你的脸。这怎么能让人不害怕呢？

人们正是因为恐惧才害怕鸮和猫头鹰。要知道，猫头鹰每天晚上都在森林里嘎嘎叫，而纵纹腹小鸮用可怕的声音叫着：

"快走，快走！"

如果从一个黑漆漆的树洞里忽然钻出一个脑袋，用一对黄色的大眼睛瞪着你，钩形的嘴里发出吵人的叫声，即使是白天，你也会吓一大跳。

如果深更半夜响起各种家禽的吵闹声，鸡窝里的鸡咕咕咕，鸭子嘎嘎嘎，鹅札札札，主人第二天再发现小鸡仔少了几只的话，肯定是猫头鹰和鸮干的。

光天化日之下的抢劫行为

不论是在漆黑的夜晚，还是光天化日之下，猛禽都让集体农庄庄员们不得安宁。

母鸡一不留神，老鹰就会飞来捉走它的小鸡。

一只公鸡刚跳上栅栏，就被雀鹰捉走了！几只鸽子刚从屋顶上飞起来，不知从哪儿飞来了一只隼。它窜入鸽子群，开始袭击。羽毛到处乱飞。它捉住一只被它袭击的鸽子，立即飞走了。

如果一只猛禽遇上了集体农庄庄员，火冒三丈的农庄庄员会立即杀掉它——只要它长着钩形嘴和大长腿——不论这是只好鸟，还是坏鸟。于是，所有的集体农庄庄员开始着手消灭周围所有的猛禽。不过他们很快就发现，田里的老鼠开始大量繁殖，黄鼠吃光了所有的庄稼，而兔子也把卷心菜都啃光了。

"算错了账"的集体农庄员将面临重大的经济损失。

孰敌孰友

如果不想发生上述情况，首先必须学会区分有害和有益的猛禽。有害的猛禽会袭击野禽和家禽，而有益的则会消灭老鼠、田鼠、黄鼠和其他搞破坏的啮齿动物，也会啄食螽斯、蝗虫等有害昆虫。

你看猫头鹰和鸮，不管它们的外形如何丑陋，却被视作是有益鸟类。我们这里的猫头鹰，只有那些体型巨大的才是有害的，例如长耳鸮和圆头林鸮。不过，它们也会经常捕捉啮齿动物。

白天出没的猛禽当中，最坏的是雀鹰。我们这里有两种，一种是苍鹰，另外一种是松雀鹰（比鸽子的体型更小巧，更长）。

雀鹰很容易与其他猛禽区别开来。它们通身灰色，胸脯上长着杂乱的毛，脑袋小，前额窄，眼睛是淡黄色，翅膀是圆形的，尾巴很长。

雀鹰是种十分强壮且可怕的鸟。它们能把比自己个头大的猎物杀死，甚至肚子不饿的时候，都会毫不留情地把其他鸟杀死。

鸢的尾巴是分叉的，根据这一特征很容易将其辨认出来。不过它的凶悍程度比雀鹰弱得多。它不敢袭击大的野禽，只敢捕食笨头笨脑的小鸡或者干脆吃腐肉。

体型较大的隼也是有害的。

它们都长着尖锐弯曲的翅膀，就像镰刀一样。在所有的鸟类当中，隼的飞行速度是最快的。它只在高空中捕食，这样的话，即使猎物从它的袭击中逃脱出来，它的胸脯也不会碰到地面。

不过，如果碰到个头较小的隼，最好不要去碰它们，它们当中有对人类极其有益的。例如红隼，民间也有人叫它摆子鸟。

田野上空经常能看到红隼的身影。它悬在半空中，就好像有根看不见的线把它吊在那里一样。它一边摆动着翅膀（因此才叫它摆子鸟），一边观察着草丛中有没有老鼠、螽斯和蝗虫。

老鹰带来的坏处比好处多。

夏猎开禁了

从七月底开始，猎人们就开始心不耐烦、坐立难安了。雏鸟都长大了，而州劳动者代表苏维埃执行委员会却一直还没宣布狩猎开禁。

不过现在，他们终于等到了消息。各家报纸上都发布了消息，宣布今年将从 8 月 6 日开始允许狩猎森林和沼泽里的野味。

所有的猎人早就准备好了子弹，把猎枪检查了无数遍。

8 月 5 日，下班时间一到，市里的火车站便挤满了扛着猎枪、牵着狗的猎人。

　　这里的狗可谓是应有尽有！有短毛的猎禽犬和班特尔向导犬，它们都长着细树枝一样绷直的尾巴。猎狗的毛色也是各种各样：有白色带着小黄斑点的；有黄花斑的；有咖啡色花斑的；有全身白色，眼睛、尾巴和全身带有大黑斑的；有深咖啡色的；有全身乌黑发亮的。还有尾巴像羽毛的长毛塞特种猎狗。这种猎狗有的全身白色，有的长着泛青的黑色斑点，有的长着黑色大斑点。红塞特种猎狗全身为红黄色，几乎是红色的。也有体型巨大、行动迟缓的塞特种猎狗，全身黑色，长着淡棕黄色斑点。所有这些狗都是猎禽犬，它们出来的目的只有一个，那就是去森林里狩猎雏鸟。这些猎狗都经过了严格的训练，一旦闻到野禽的气味，立即作伺伏①状，一动不动待在那里等主人过来。

　　也有其他个头较小的猎狗，长着长毛、短腿，长长的耳朵都快垂到地上了，尾巴很短。这是史宾格猎犬。它们不会伺伏。不过要

---

　　① 猎犬在发现猎物时所作的姿势。

是在草丛和芦苇丛里猎野鸭，或者在茂密森林里猎黑琴鸡，都很适合带着这种猎犬。

不管野禽是藏在茂密的灌木丛里，还是躲在芦苇丛里，或者是水里，史宾格猎犬都能把它们赶出来，或者把打死或受伤的野禽从里面叼出来，递到主人手里。

大部分猎人坐上了城郊的火车，每个车厢都能看到他们的身影。所有乘客都看一眼他们，再转头观察他们的猎犬。车厢里的话题全是关于野禽、猎犬、猎枪或者打猎的事迹。猎人们觉得自己是英雄，看那些没带猎犬和猎狗的"平民"的眼光也带着些许傲气。

而六号晚和七号早上的两趟火车又把这些乘客运回来了。不过，唉，很多猎人都没有了得意洋洋的神态。干瘪的背包挂在背上，给人十分凄凉的感觉。

"平民"们全都微笑着去迎接这些不久前的英雄。

"您打的野味在哪儿？"

"野味都在森林里呢。"

"全都飞去别处找死了。"

后来，有个猎人从小车站出来，周围是一片赞美声。因为只有他的背包是鼓囊囊的。他谁也没看，直接寻找坐的地方。现在，周围的人都给他让座。他坐下时还带着一脸傲气。不过邻座的人十分有观察力，对整个车厢说道：

"哎哎！您抓的野禽怎么都长着绿色的爪子啊？"他说着话，直接肆无忌惮地打开了背包的盖。

露出来的竟然全是云杉树枝梢。真够难为情的！

夏·第三期

成群结队之月
8月21日—9月20日
太阳落入处女座

一年是一部分成十二个月的太阳诗篇

夏天的尾巴

八月是个闪电多发的月份。半夜，一个个闪电迅速划过天际，无声地照耀着森林。

这是草原在夏季的最后一次换装。现在的草原五彩缤纷，数量最多的是深颜色的花，例如蓝色和紫色的花。太阳神的力量开始越来越弱，现在必须抓紧收集它、保存它。

大个头的果实，例如蔬菜和水果，正在成熟。最后一批浆果也在成熟，有马林果，有越橘。沼泽地里的红莓苔子，以及乡村里的花楸果也正在成熟。

树木也不再长高、长粗了。

森林守则

森林里的雏鸟和幼兽都已经长大，离开了自己的巢穴。

以前，鸟儿都是成双成对地住在自己的巢里，而现在则带着自己的孩子在整片森林里过着居无定所的生活。

森林里的住户经常互相串门。

甚至那些野兽和野禽也不会严守在自己的固定捕猎地。猎物随处都有，足够所有动物吃。

貂鼠、艾鼬和貂正在整片森林里游荡，它们在任何地方都能找到吃的东西：有笨头笨脑的小鸡，有毫无经验的小兔子，还有粗心大意的小老鼠。

善鸣的小鸟都聚集成群，经常出没在灌木丛和乔木之间。

鸟群里有自己的规矩。

规矩是这样的：

人人为我，我为人人

谁要是第一个发现了敌人，必须尖叫警告大家，好让大家有时间四散逃窜。如果有一只鸟陷入了危险，整群鸟都得尖叫喧哗，吓唬敌人。

上百对眼睛、上百双耳朵警戒着，上百个嘴巴准备袭击来进犯的敌人。因此，加入鸟群的雏鸟越多越好。

鸟群的所有成员都得遵守一条规定：所有的行为举止必须得模仿年长的鸟。如果年长的鸟儿平静地啄食小谷物粒儿，那么雏鸟也得去啄。如果年长的鸟儿抬起头，纹丝不动，雏鸟也必须一动不动。如果年长的鸟儿逃跑，雏鸟也得逃。

训练场

鹤和黑琴鸡为自己的孩子们准备了名副其实的训练场。

黑琴鸡的训练场在森林里。小黑琴鸡们都聚集在一起，看自己的爸爸如何做。

琴鸡爸爸咕咕叫，小琴鸡们便咕咕叫。琴鸡爸爸用高亢的声音叫着："丘夫丘夫。"小琴鸡们便用高亢的声音叫着："丘夫丘夫。"

现在琴鸡爸爸的咕咕叫声已经跟春天不一样了，它春天叫着："卖掉皮袄，买件长袍。"而现在则叫着："卖掉长袍，卖掉长袍，买件皮袄。"

小鹤成群结队地飞来训练场。它们正在学习如何在飞行当中排成整齐的"人"字形。这是它们必须学会的技能，这样才能在远途飞行当中保存体力。

人字形队伍由最强壮的老鹤打头。它作为领头鸟，在打开气流时要费的力气也更大。

当它感觉到累的时候，会飞到队伍的最末端，另外一只体力充沛的老鹤会来代替它。

在领头鸟的后面，年轻的鹤首尾相接，像打拍子一样扇翅膀。谁的力气更大，谁的位置就更靠前；谁的力气更小，谁的位置便更靠后。气流从"人"字形的头部沿着队伍向后波动，就像船头在河流中破浪前行一样。

鹤唳

"整个队伍都听着，我们飞到目的地了！"

一只接一只的鹤落到了地上。鹤的训练场在田野里，小鹤都在学习舞蹈和体操。它们跳跃着、转着圈，双腿灵活地打着拍子。还有一项训练是最困难的，必须把一块小石头抛向空中，再用嘴接住。

它们正在为远途飞行做准备。

会飞的蜘蛛

没有翅膀怎么飞行呢？

你看（得要点小聪明），一些蜘蛛变成了浮空器驾驶员。

小蜘蛛从腹中放出细细的蜘蛛丝，把它挂在灌木上。风吹动着蛛丝，来回撕扯，却怎么都扯不断蛛丝——它跟蚕丝一样坚韧。

小蜘蛛在地上坐着。蛛丝连接着地面和灌木枝。小蜘蛛坐在那里缠丝。它用蛛丝把自己缠住，就像蚕茧一样，不过它仍在不断地吐丝。

蛛丝越来越长，风把它晃动得越来越厉害。

小蜘蛛站在地上，紧紧抓住地面。

一、二、三！小蜘蛛迎着风向前走去。它咬断挂在灌木上的蛛丝。

忽然一阵风把蜘蛛从地上吹起来。

它竟然飞起来了。

得马上解开蛛丝！

那个蛛丝小球不断上升……它飞过了草地和灌木丛。

蜘蛛飞行员从上空往下看了看，心想，在哪儿降落比较好呢？

下面是森林、小河。继续飞！继续飞！

你看，下面不知谁家的小院子，苍蝇在一堆粪周围盘旋。蛛丝小球越降越低……

准备，降落！

蜘蛛用爪子紧紧抓住一棵草，成功降落！

可以在这里安家落户了。

很多蜘蛛和它们的孩子都会在空中飞行，在秋高气爽的日子里经常会碰到这种情况。每当这时，村里人常说"上年纪的夏天"来了。这是因为蛛丝就像秋天的银发一样，闪闪发光。

森林要闻

山羊吃掉了一片森林

这不是开玩笑，山羊确实吃掉了一片森林。

这只山羊是护林员买的。他把山羊买来后，拴在一根木桩上。一天夜里，山羊挣脱绳子，逃走了。

周围都是树木，它藏到哪里去了呢？不过幸好，周围没有狼。

人们找了三天，没找到。第四天，它自己回来了。它回来时还叫着："咩！咩！咩！大家好，我回来了！"

晚上，附近的一个护林员跑来了。原来，他看守的那片林地上的树苗都被山羊吃了，一整片森林都被吃光了。

树苗还小，完全没有自保能力，任何牲畜都能把它们毁坏。小树苗被拖出来后，立即会被啃食掉。

山羊很喜欢旁边林区的小松树苗。这些小树苗看上去非常漂亮，就像小棕榈树一样，下面是红色的细树干，上面是柔软的绿色松针，像一把把朝上张开的扇子。也许，这对山羊来说是十分美味的食物。

山羊大概是不敢去碰成年的松树，会被扎得满身都是刺。

森林记者　维里卡

捉强盗

黄色的柳莺成群结队地在森林飞来飞去。它们从一棵树上飞到另外一棵树上，从一棵灌木上飞到另外一棵灌木上。每棵树、每棵灌木都被它们从上到下爬了个遍。只要哪里出现了毛毛虫、甲虫和蛾子，哪里就会看到它们的身影。不管这些昆虫是藏在树叶底下，还是树皮上、树缝里，它们都能找到，并把这些虫子揪出来吃掉。

"啾伊！啾伊！"其中一只小鸟惊慌地叫起来。所有的柳莺都警觉起来，看到下面的树根之间有只小兽。它一会儿露出深色的后背，一会儿又消失在枯枝当中——原来是只贪食的白鼬。它又细又长的身体像蛇一样不断扭动，歹毒的眼睛就像火星一样，在阴影当中闪闪发亮。

"啾伊！啾伊！"整群柳莺从四面八方叫起来，全都成功离开了那棵树。

幸好现在是白天。一旦有只鸟看到敌人，所有的鸟都会获救。如果是夜晚，小鸟们都在树枝下面打盹、睡觉，而敌人却没有休息。猫头鹰无声无息地扇着柔软的翅膀，逐渐靠近，一旦看到猎物，会立即去抓。还在熟睡的雏鸟被吓得魂飞魄散，开始四处逃窜。其中两三只落入了"强盗"的铁爪之下。黑夜一到，小鸟便会陷入危险之中。

柳莺群从一棵树上跳到另外一棵树上，从一棵灌木飞到另外一棵灌木上，越飞越远，最终隐身进了森林深处。身姿轻盈的小鸟在树叶之间来回穿梭，钻进了最隐秘的角落。

在密林当中有个粗壮的树桩，树桩上长着丑陋的木耳。

一只柳莺飞到木耳近旁，想看看里面有没有蜗牛。

忽然，灰色的木耳慢慢动了起来，下面露出了一双闪闪发亮的眼睛。

柳莺这时才看清，这只小动物有着猫一样的圆脸，还长了弯钩似的嘴巴。

柳莺急忙向旁边一闪。"啾伊！啾伊！"整群柳莺都惊慌起来。不过鸟儿们都没飞走，全都聚集在这个古怪的树桩旁边，啼叫着：

"猫头鹰！猫头鹰！猫头鹰！大家快来帮忙！快来帮忙！"

猫头鹰恼怒地张合着自己钩形的嘴巴，说着："还是找到了！根本不让我好好睡觉！"

小鸟们听到了柳莺的报警信号，都从四面八方赶过来。

都来抓强盗了！

长着黄色脑袋的小个头戴菊鸟从高高的云杉树上飞下来。机灵的山雀也从灌木丛中蹦出来，勇敢地发起了进攻，直接在猫头鹰面前盘旋，好像带着嘲笑的口吻对它喊道：

"来呀，过来碰我们，过来捉我们啊，来呀，来追赶我们呀！你这个卑鄙的夜晚强盗，趁着光天化日来抓我们试试啊！"

猫头鹰只是张了张嘴，眨了眨眼，不过大白天的，它还能做些什么呢？

而周围的鸟儿们都不断地飞来。柳莺和山雀的尖叫吵闹声把一群勇敢强壮的林中乌鸦——长着蓝色翅膀的松鸦——给吸引来了。

猫头鹰怕得要死，扇着翅膀飞走了！赶快逃命吧，保命最重要，否则会被松鸦啄死。

松鸦跟在猫头鹰身后，一直追呀、追呀，直到把它赶出了森林。

柳莺这下能睡个安稳觉了，经过这次瞎闹之后，猫头鹰一时半会儿不敢再回老地方了。

草莓

森林旁边的草莓正在慢慢变红。小鸟找到红色的草莓浆果后，会把它们衔走，带去很远的地方。不过一部分草莓的种子会留在母株上。

你看，这棵草莓旁边已经出现了细细的藤蔓。藤蔓末端是一棵小小的子株，周围是一圈叶子和根系的萌芽。快看，这里还有，在同一条藤蔓上还有三簇小叶子。第一个子株已经强壮起来，扎下了根，而另外两个位于尾端，还没发育完整。母株发出来的藤蔓朝四面八方爬去。要想找老一点儿的母株，必须寻找草丛稀少的地方，你看，它周围全是子株。母株位于中间，周围有三圈子株，每圈各五株植物。

你看，一圈接一圈，草莓就这样不断占领着地盘。

巴甫洛娃

熊生病了

有天晚上，猎人很晚才从森林离开，往村子走去。他走到燕麦田，看到有个黑乎乎的东西在里面转圈。

难道是牲畜闯进了不该闯的地方？

他定睛一看，老天爷啊，燕麦田里竟然有只熊！它趴在地上，用前爪子搂着一抱麦穗，吃得正起劲呢。它伸开四肢懒洋洋地趴着，发出满足的哼哼声。显然，它对燕麦的浆汁十分满意。

猎人随身没带子弹，只有一颗霰弹（他去打猎了留着一颗）。他确实是个勇敢的家伙。

他想："唉，管他结果如何，先打上一枪才行。不能让老熊给集体农庄庄员们搞破坏。如果不给它点儿颜色瞧瞧，它是不会罢手的。"

他继续装霰弹，打了一枪。霰弹砰的一声，刚好在熊耳朵旁边散开了。

因为枪打得意外，熊被吓得跳起来！田边有堆干树枝，而这只熊竟然像鸟一样，一跃而过。

它一不小心来了个倒栽葱，不过立即起身，头也不回地跑进了森林。

猎人嘲笑了一番这只熊的胆子后，就回家去了。

第二天早上，猎人心想："我去看看那只熊是不是损害了很多燕麦。"他来到昨天的地方，看到那只熊竟因为受惊拉肚子了，通往森林的路上全是它拉的粪便。猎人沿着痕迹找到了熊，只不过它已经死了。

你看，它竟然因为昨天的意外而被活活吓死了。就它这样，还被称作林中最强大、最可怕的野兽呢。

可食用蘑菇

几场雨过后，蘑菇又长出来了。

最好的蘑菇是长在松林里的白蘑菇。

白蘑菇，也叫美味牛肝菌，长得十分肥厚、结实。它长着深栗色的菇伞，散发着十分美味的香气。

在林中道路两旁的低矮草丛里，甚至是车辙印里，会长出乳牛肝菌。它们的外形十分好看，小时候就像小线团一样。

这种蘑菇的外形虽然好看，却总会粘上些什么东西，要么是干树叶子，要么是小草。

在松树林里的草地上还会长出松乳菇。这种松乳菇带着鲜艳的火红色，从远处就能看到。这里的松乳菇可真多啊！大的有小碟子般大小，菇伞上被虫子蛀得到处都是孔，已经发绿了。最好的是中等大小的，只比五戈比的硬币略大。这种蘑菇长得十分肥厚，菇伞的中间向内凹陷，边缘外翻。

云杉林里也有很多蘑菇。云杉树底下也会长白蘑菇、松乳菇，只不过，它们与松树林里的略有不同。白蘑菇的菇伞是浅色的，略微发黄，菇柄更细、更长。而松乳菇的颜色则与松树林里的完全不同，菇伞不是火红色，而是蓝绿色的，上面还有一圈一圈的圆圈，就好像树桩上的年轮一样。

白桦和山杨树底下也会长出各有特色的蘑菇。因此，它们也有自己特殊的名字——桦蘑和山杨菇①。只不过，桦蘑在距离白桦树较远的地方也会生长，而山杨菇则与山杨树密切相关。这种蘑菇只生长在有山杨树根的地方。山杨菇外形好看，长得十分匀称、精致。菇伞和菇柄都像被细致打磨过一样。

巴甫洛娃

毒蘑菇

雨后出的毒蘑菇也不少。可食用的蘑菇当中，最普遍的是白蘑菇；而在毒蘑菇当中，最常见的是毒鹅膏菌。千万要小心这种蘑菇！它包含的毒素是所有蘑菇当中最厉害的。毒鹅膏菌的毒性比被毒蛇咬一口还可怕，可致人死命。一旦中了这种蘑菇的毒，很少有人会痊愈。

幸运的是，要想识别毒鹅膏菌并不困难。与普通可食用菇不同的是，毒鹅膏菌的菇柄就像是插在细颈宽肚的大花瓶里一样。据说，毒鹅膏菌很容易跟香菇弄混（两种蘑菇的菇伞都是白色的）。不过香菇的菇柄跟普通蘑菇一样，任何人都不会认为它是像插在细颈宽肚大花瓶里。

其实，毒鹅膏菌跟蛤蟆菌更为相像。因此，这种蘑菇也被称作白蛤蟆菌。如果用铅笔画出来，很难分清到底是毒鹅膏菌还是蛤蟆菌。两种蘑菇的菇伞上都有白色斑点，菇柄上有像领子一样的凸起。

还有两种白色的毒蘑菇十分危险，也会被认作白蘑菇。这两种毒蘑菇被称作苦粉孢牛肝菌和魔牛肝菌。

它们与白蘑菇不同的地方在于，菇伞的下方不像白蘑菇那样，

----

① 即变形牛肝菌。

是白色或淡黄色的，而是粉色，甚至是红色的。如果把白蘑菇的菇伞掰成几瓣，它仍然是白色的；如果是苦粉孢牛肝菌和魔牛肝菌，它们会慢慢变红，而后会变成黑色。

巴甫洛娃

"小雪暴"

昨天，我们这里的湖面上忽然起了一场"小雪暴"。轻盈洁白的"雪花"在空气中翻飞，一会儿飞向水面，一会儿又飞向高空，在空中盘旋一阵后，又从空中纷纷扬扬地落下来。

天空十分晴朗。太阳炙烤着大地。在炽热阳光的烘烤下，灼热的空气慢慢流动着，却一点儿风都没有。不过湖面上方的"小雪暴"却在继续肆虐。

而今天早上，整个湖泊和岸边都散布着一团团干枯死去的"雪花"。

这种"雪花"十分奇怪，在炽热阳光的照射下竟然不会融化，也不会刺痛眼睛。它竟然还有温度，十分脆弱。

我们打算去看雪，不过等我们来到岸边时却发现，这根本不是雪，而是成千上万只长着翅膀的小昆虫——蜉蝣。

昨天，它们从湖里飞出来了。它们在幽暗的深处住了整整三年。它们曾是长相丑陋的小幼虫，一直潜伏在湖底的淤泥里。

它们一直以腐烂的臭淤泥为食，从来没见过太阳。

三年就这样过去了，可是整整一千多天呢。

就是昨天，这些幼虫爬上湖岸，脱掉自己令人厌恶的外衣，展开轻盈的翅膀，张开三条细线一般的尾巴，飞向高空。

蜉蝣只有一天的时间在空中玩乐、舞动。因此，这种昆虫也被称作"一日虫"。

在阳光的照射下，这些蜉蝣一整天就像轻盈的雪花一样，在空中旋转、飞来飞去。雌蜉蝣落到水面上，把自己极微小的卵产在水中。

当太阳落山、夜幕降临时，岸边和湖面上布满了蜉蝣的尸体。

蜉蝣的卵将来会孵化成幼虫。在湖泊昏暗的深处度过一千多个日夜后，快乐会飞的蜉蝣将再次出现在水面之上。

白野鸭

一群野鸭落到了湖中央。

我站在湖边观察它们时，惊奇地发现，在这群夏季已经换上灰色羽毛的公野鸭和母野鸭中间，有只浅色的野鸭。它就位于这群野鸭的正中间。

我举起望远镜，清楚地看到了这只野鸭的所有细节。这只野鸭从嘴巴到尾巴，全身都是淡黄色的。当清晨的太阳从乌云后面露出脸来时，它忽然变成了雪白色，那明亮的颜色甚至有些刺眼。在一群深灰色的野鸭中间，这只野鸭显得尤为突出。除了颜色以外，这只野鸭跟其他的同伴并无任何差别。

我打猎已经有五十年了，这是第一次看到患白化病的鸭子。患这种病的动物是因为血液里面缺少一种色素。它们生来就是白色的，而且一辈子都会保持白色或者浅色，它们被剥夺了自然界当中可以救命的保护色。保护色可以让它们在栖息地不容易被发现。

这只最罕见的鸭子能逃脱野兽的利爪活到现在，不得不说是个奇迹。当然，我自己也很想打到它。不过现在不可能，因为这群野鸭休息的地方刚好在湖中心，我没办法到达那里。我急得抓耳挠腮，因为不得不等上一段时间，到碰巧这只野鸭在岸边的时候才能打。

不过令我意外的是，机会来得如此之快。

我正沿着湖湾的岸边行走。忽然，有几只野鸭从草丛中飞了出来，那只白野鸭也在它们中间。我迅速举起枪朝它开了一枪。不过就在开枪那一瞬间，其中一只灰野鸭挡在了白野鸭前面。这只灰野鸭被我的霰弹打伤后，倒在了地上，而那只白野鸭和其他的同伴却趁机逃走了。

　　这难道是巧合吗？毫无疑问！不过，就在那个夏天，我在湖中央和湖湾看到过几次这只白野鸭，它身边总有几只灰野鸭跟随者，就像在保护它一样。当然，猎人的霰弹是不会打普通的灰野鸭的，不过白野鸭在它们的保护下安然无恙，没受到任何伤害。

　　至少我是没打中它。

　　这件事情发生在位于诺夫哥罗德州和加里宁格勒州之间的皮罗斯湖上。

绿色的朋友

需种哪些树

你们知不知道造新林最适合种什么树？

我们听说，人们为造林总共选取了十六种乔木和十四种灌木，它们将被种在全俄各地。

最主要的乔木和灌木有以下几种：橡树、杨树、白蜡树、白桦树、榆树、槭树、松树、落叶松、桉树、苹果树、梨树、柳树、槐树、野蔷薇、醋栗。

所有的孩子们都必须了解这些，这样他们才能记住需要采集哪些植物的种子来给苗圃补种。

植树机造林

需要栽种的乔木和灌木实在太多了，只靠人工根本种不过来。

于是，机器便来帮忙了。人类发明和制造了各种各样灵巧能干的植树机，它们能播撒种子、栽种树苗，甚至比较大的树苗也能栽。还有很多其他的机器，例如有造森林带的，有绿化峡谷的，有挖池塘的，有准备土壤的，还有照顾苗圃的。

新挖的湖泊

列宁格勒有很多河流、湖泊和池塘。因此，这里的夏天不是很炎热。而克里米厂斯克区的池塘却很少，湖泊更是一个也没有。这里只有一条小河经过，不过夏天十分干旱，甚至想赤脚蹚过去，也只要挽起裤腿就行。

我们的花园和果园都因为干旱而状况不好。

不过现在，它们再也不用饱受干旱之苦了。我们区的集体农庄庄员们挖了一个新的水库，这可是个大湖呢，容积有足足五百万立方米。

这个湖的水量足够浇灌五百公顷的果园，还能在里面养鱼、养水禽。

第聂伯彼得罗夫斯克州

克里米厂斯克区少先队员

瓦尼亚·普隆琴科、列娜·卡巴特琴科

我们来帮忙种树

我们全民族正在进行一项伟大的劳动事业。他们正在伏尔加河、第聂伯河和阿穆尔河上建造以前从未有过的水电站。伏尔加河和顿河之间有条运河相连。全苏联人民都在建设防护林，保护田地免受沙漠热风的侵蚀。

我们作为少先队员和学生，想帮助大人完成这项伟大的事业。我们应该都记得，自己曾在国旗面前发过誓，要做对祖国有用的人。而这意味着，我们要用自己的双手做力所能及的事，为共产主义贡献一份力量。

人们沿伏尔加河种上了橡树苗、槭树苗、白蜡树苗，一直从草原的一端延伸到另一端。现在树苗还小，还没长结实，因此它们的天敌很多：有害虫，有啮齿动物，有干风和热风。

我们学校的共青团员和少先队员决定帮助大人保护小树苗免受天敌的破坏。

我们知道，一只椋鸟就能消灭两百克蝗虫。如果这些鸟栖息在防护林附近，那些害虫就不敢肆虐。我们和乌斯奇-库尔郡及普利斯坦的少先队员一起在新栽的树苗附近造了三百五十个椋鸟巢。

黄鼠和其他啮齿动物会给年幼的树苗带来巨大的危害。我们要和农村的小伙伴一起消灭黄鼠，我们的方法有两种：一种是用水灌，另外一种是用捕鼠器做陷阱。

防护林带的一些树苗没有成活，因此，我们州的集体农庄庄员正在补种。为此，他们需要很多树种和树苗。我们整个夏天必须收集一千公斤的树种子。我们要在乌斯奇-库尔郡和普利斯坦的学校附近建设苗圃，种上防护林需要的橡树、槭树等树苗。我们还跟农村的小伙伴们一起组织少先队员巡逻队，防止小树苗遇到火灾或者被人践踏、折损。

当然，所有这些都是少先队员做的小事，尽管微不足道，不过，如果全国的少先队员和学生都以此为榜样的话，我们将能为祖国做出更大的贡献。

第 63 学校七年制男校学生　萨拉托夫

追踪报道

森林中的战争（续）

我们的通讯记者来到了第四块采伐迹地，这里的树木是三十年前被砍伐的，以下是我们的记者发来的消息。

孱弱的白桦树苗和山杨树苗都死于自己强壮的哥哥姐姐之手。小树林最底下的一层只剩下云杉还活着。

云杉在阴影底下静静地生长，强壮高大的白桦和山杨在上方也没停止相互斗争。不过还是老一套的故事：谁要是长得比周围的树木更高，谁就会取得胜利，并且毫不怜惜地杀死被它压制的树木。

被压制的树木则会干枯倒地。就这样，在它本来张开树冠的地方会出现一个洞，阳光通过这个洞倾泻而下，直接照到云杉树苗身上。

云杉树苗一时无法适应强光，就会生病。

它们要经过一段时间才能习惯这种阳光。

云杉开始慢慢康复，给自己穿上新装。从那时起，它们开始快速向上生长，而它们的敌人却来不及补上那个窟窿。

这些幸运的云杉很快就长得跟高大的白桦和云杉一样高了。紧随其后，其他结实带刺的云杉将自己如同长矛一样的树尖伸到了最上面一层。

白桦和山杨这两个胜利者后来才发现自己竟然如此疏忽大意，让如此可怕的敌人在自己的阴影之下生活了那么久。

我们的通讯记者亲眼看到了这场惨烈的肉搏战。

一阵又一阵猛烈的秋风吹来。所有聚集在这里的树木都被吹得不安起来。白桦和山杨都猛然扑向云杉，用自己的树枝鞭打敌人。

山杨平时怯懦，只会颤抖和喃喃自语。而现在，它们也开始胡乱舞动树枝，试图与深色的云杉搏斗一番，折断它们的树枝。

不过山杨的战斗力薄弱，它灵活性不够，而且树枝十分脆弱。面对强壮的云杉，它完全没有招架之力。

白桦则是另外一番景象。它们都身体强壮，枝条灵活。甚至一小阵微风吹过，它们柔韧灵活的枝条就会左右摆动。如果白桦树动起来，周围的一切可得小心了，那场景光描述就够可怕了。

白桦和云杉展开了肉搏。它们用自己灵活的树枝抽打云杉的树枝，撕扯云杉的针叶。

云杉树枝被白桦树枝抽断之后，上面的针叶也会干枯。如果树干上的皮被蹭掉的话，整个云杉树的顶端就会枯萎。

面对山杨，云杉尚可全身而退；而面对白桦，它却没法保全自己。云杉树十分坚硬，虽说不易折断，却也不容易弯曲。它没法挥舞自己笔直的树枝。

森林种族之间的战争如何结束，我们的通讯记者没办法在这个地方看到。要想看到结局，必须在这里再住几年。因此，他们又出发去寻找这样的地方了，那里所有种族之间的斗争都结束了。

如果能找到这样的地方，他们的报道会发表在下期《森林报》上。

集体农庄新闻

收割忙

各个集体农庄的庄稼收获正在接近尾声。现在田里正忙得如火如荼。收获的最好的粮食要上交给国家。每个集体农庄都争着把自己的劳动果实上交给国家。

集体农庄的庄员们收割完黑麦后，开始收割小麦；收割完小麦后，开始收割大麦；收割完大麦后，开始收割燕麦；最后收割荞麦。

装着粮食的车队从集体农庄一直延伸到火车站。人们现在正忙着耕秋播的土地，为明年的春播做准备。

夏天的浆果都被采摘完了，而果园里的苹果、梨、李子也都成熟了。长在满是苔藓的沼泽地里的蔓越橘也在慢慢变红。农村的小男孩们正忙着用竿子打树上的花楸果。

现在山鹑一家可倒霉了，刚从秋播的田里躲到春播庄稼地里，现在又不得不从一块春播庄稼地里挪到另外一块地里，不断地飞来飞去，到处乱窜。

山鹑一家又藏到马铃薯田里，在这里可没人来打扰它们了。

不过你看，集体农庄庄员们也来到马铃薯田里，该挖土豆了。挖马铃薯的机器正在那里干活，而一大群孩子点起了一堆篝火，在地上建了个小灶，都在那里烤马铃薯吃。所有人的脸上都弄得脏兮兮、黑漆漆的，看上去有点儿吓人。

灰山鹑从马铃薯田里逃走了。不过，它们的孩子也都长大了。现在，猎人已经被允许捕猎它们了。

必须找个藏身、过活的地方才行，不过要藏到哪里去呢？所有的庄稼都被收割了。越冬的黑麦已经长得很高了。藏在那里可以继续找食吃，还能逃过猎人敏锐的眼睛。

一位眼神好的人发来的消息

8 月 26 日，我在用车运干草，正赶着车，忽然看到有只猫头鹰坐在一堆枯树枝上，两眼锐利地盯着枯枝看。我对此十分感兴趣，便喝住了拉车的马。我心想，为什么这只猫头鹰坐得离我那么近却不飞走呢？我从大车上爬下来，向前走了走，拿起一根棍子，朝猫头鹰抛了过去。猫头鹰飞走了。它一飞走，从枯树枝底下钻出了几十只小鸟。原来，它们躲在那里是为了逃避猫头鹰的追捕。

森林记者　鲍里索夫

马铃薯的敌人

庄稼被收割完后，田里只剩下了麦茬，不过麦茬之间却藏着庄稼的敌人——杂草。它们的种子落在地上，而深深的根茎则藏在地下。这些杂草正在等待春天的到来。春天一到，人们会深耕这些田地，在里面种上马铃薯。这时，杂草会长高，妨碍马铃薯的生长。

集体农庄庄员们决定欺骗敌人。灭茬机开进田里，挖出杂草的种子，把它们的根茎割成一段一段的。

杂草们以为春天来了。天气温暖，泥土也很松软。它们开始肆无忌惮地生长，种子也都发芽了。种子发芽了，那些根茎也继续扎根。田里变得绿油油的。

集体农庄庄员们可真有办法，竟然骗过了敌人！杂草长出来后，我们到秋天还会耕一次地，将它们的根挖到上面来。你看，冬天一来，它们都会被冻死。杂草们，你们根本无法欺负我们的马铃薯！

虚惊一场

森林的鸟兽全都躁动不安起来，林边来了一群人，正往地上铺干草茎。也许，他们又想出了新的捕猎方法。森林里的住户要大难临头了！

不过，这原来是虚惊一场，人们来这里并不是出于什么不良企图。这些人是集体农庄庄员，他们在地上铺的是亚麻。他们把亚麻铺得薄薄的，就像一条条平整的道路。亚麻在这里会被雨水和露水打湿。这样，要从亚麻里面抽出纤维便容易很多。

看看这一大家子！

"五一"集体农庄的母猪杜什卡生了二十六只小猪仔。二月份，这只母猪已经生了十二只小猪仔。你看看这一大家子！小猪可真够多的！

激愤人心

黄瓜地里一片愤怒之声。"那些集体农庄庄员为什么隔一天就来我们这里一趟，把绿色的嫩黄瓜摘走呢？"黄瓜们愤怒地说着，"就不能让它们平安地成熟吗？"

不过集体农庄庄员们留了一些黄瓜种，继续采摘嫩黄瓜。嫩黄瓜翠绿多汁、鲜嫩可口，等它们老了，就不再适合食用了。

各式各样的帽子

森林里、林中草地上和道路两旁长满了松乳菇和乳牛肝菌。松林里的松乳菇长得最好，全都红彤彤的，又矮又结实，如同帽子一样的菇伞上长着一圈圈的花纹。

小孩子们都说，菇伞上的这种花纹是从人类那里偷学来的，你看，它们长得跟人头顶上戴的草帽十分相似。

不过看到乳牛肝菌你就不会这样说了。显然，它们的菇伞跟人戴的帽子一点儿都不像。不要说男人了，就是追随时尚的女人也不会戴这种令人不快的帽子。

扑空了

一群蜻蜓飞来"阳光"集体农庄的蜂房捕猎蜜蜂。蜻蜓们感到十分惊讶：蜂房里一只蜜蜂都没有。蜻蜓不知道，蜜蜂七月中旬就搬到森林里，去采帚石楠的花蜜去了。

它们正在那里酝酿黄澄澄、浓稠的帚石楠蜂蜜。等到帚石楠花凋谢时，这些蜜蜂便会回来。

林野特辑

带上塞特种猎狗和史宾格猎犬去狩猎

八月里一个清新的早晨，我跟塞索伊·塞索伊奇去打猎。我养的两只史宾格猎犬吉姆和波伊都高兴地向我扑来。塞索伊·塞索伊奇养了一只漂亮的塞特种猎狗，叫拉达。它用两只前爪搭在自己个头不高的主人肩上，用舌头舔着主人的脸。

"不许这样，调皮鬼！"塞索伊·塞索伊奇假装生气地说道。他用袖子抹了抹嘴唇后问道，"去哪儿？"

话还没说完，这三只狗就在倾斜光线的照耀下朝远方奔去了。拉达迈着灵巧的步子向前奔跑。长着黑斑的白色身影在绿色的灌木丛中时隐时现。我养的两只短腿猎狗在后面紧追不舍，却无论如何都跟不上，发出类似屈辱的叫声。

就让它们舒展一下筋骨吧。

我们朝灌木丛走去。我吹了一声口哨，吉姆和波伊便回到我身边，在我周围不慌不忙地转悠着，时不时地嗅来嗅去，不放过任何灌木和草丘。拉达在它们前面奔跑着，一会儿向左，一会儿向右，就跟个宽宽的梭子似的。忽然，拉达停下来，站在那里一动不动。

就好像有根金属丝挡在它面前一样。它站在那里一动不动，还保持着奔跑的姿势——头微微向左歪着，脊背灵巧地弯曲着，左前腿抬着，毛茸茸如同羽毛一般的尾巴奋拉着。不过，并不是金属丝挡住了它的去路，而是野禽的气味让它停下了脚步。

"你想打吗？"塞索伊·塞索伊奇提议道。

我拒绝了。我把自己的猎狗叫来，让它们趴在我脚边，以防它

们把拉达发现的野禽吓跑。

塞索伊·塞索伊奇并不着急过去，而是站在那里。他从肩上取下猎枪，扳起扳机。他驱赶着猎狗慢慢向前。也许，他跟我一样，很欣赏猎狗伺伏的姿态——优雅从容，却又充满热情和紧张。

"前进!"塞索伊·塞索伊奇终于发出了命令。

拉达一动也没动。

我知道了，那里有窝小琴鸡。现在，塞索伊·塞索伊奇又要对拉达下命令。拉达刚要迈步，忽然从灌木丛里飞出几只发红的大鸟，一边飞，一边叫。

"拉达，快追!"塞索伊·塞索伊奇抬起武器，再次发出命令。

拉达快速向前奔去，跑了半个圈，再次在灌木丛旁边作伺伏状。那里到底有什么呢？塞索伊·塞索伊奇再次朝它走过去，命令道:

"前进!"

拉达朝灌木丛扑过去，围着它转了一圈。

有只红色的小鸟从灌木丛后面无声无息地飞了出来。它好像还没学会飞行，在空中笨拙地扇动翅膀。它的长腿就像受了伤一样，耷拉在后面。

原来是一只长脚秧鸡!

这是一种栖息在草丛中的野鸡。春天，它在草丛中发出的尖锐刺耳的声音很讨猎人的喜欢;而在狩猎季节，这种叫声却让猎人厌恶无比。长脚秧鸡无法忍受，会在草丛里四处乱窜，破坏猎狗的伺伏。

我们很快就跟塞索伊·塞索伊奇分开，约定在森林的小湖边碰面。

草木茂盛的小山坡之间有个狭窄的绿色山谷，我沿着山谷行走。吉姆是咖啡色的，而它的儿子波伊背上长着三种颜色——黑色、白色和褐色。两只猎狗都在我前面奔跑着。我的眼睛紧紧盯着它们，随时做准备，因为塞特种猎狗不会伺伏，随时随地可能会把野禽赶出来。它们在灌木丛里窜来窜去，一会儿隐进高高的草丛，一会儿又钻出来。它们短短的尾巴就像螺旋桨一样，一刻不停地在那儿快速运作着。

塞特种猎犬也不能长很长的尾巴，如果这样的话，它的尾巴抽打在灌木和草丛上，得闹出多大的动静啊。况且，这种猎狗是在灌木中穿行的，尾巴太长会被灌木磨破皮。塞特种猎犬还只有三个月大的时候，它的尾巴会被剁掉，这样就不会再长长了。只剩下短短的一截，一只手就能握住。如果塞特种犬被沼泽困住的话，可以抓住它的尾巴把它拖出来。我的眼睛紧紧追随着两只猎狗，我自己都没想到，竟然能在周围看到如此美丽和令人惊奇的东西。

我看到：太阳已经升到了树梢上面，金色的光线在绿叶和青草之间跳跃玩耍着。我看到：草丛和灌木上到处是蜘蛛丝，就像最细的银线一样，在阳光照耀下闪闪发光。我看到：松树干很有讲究地弯曲着，就像一把巨大的椅子一样。只有童话中的树妖才能坐上这张椅子，不过他没坐在那里。那张座椅上有个小坑，坑里积满了水，蝴蝶在水坑周围翩翩起舞。

它们在那里喝水……我却喉咙发干。

树下面有棵宽叶的斗篷草，上面有颗露珠，就像大颗的无价钻石般闪耀着光芒。

我谨慎地弯下腰去，就怕碰掉叶子上的水。我小心摘下斗篷草的叶子。上面的褶皱汇集了这世上最纯净的一滴水，这滴水把清晨阳光的所有喜悦都纳入了自己怀中。

我的嘴刚碰到这个毛茸茸、潮湿的叶子，这滴带着凉爽的露珠就流到了我干燥的舌头上。

吉姆忽然大叫起来："汪！汪！汪！汪！"摘下来的叶子立即被我抛下，落到了地上。

吉姆狂吠不止，一直沿着河边跑。它那螺旋桨似的尾巴摇得更起劲了。

我赶紧朝岸边跑去，试图赶在猎狗前面跑到岸边。

不过没来得及，一只鸟从茂密的赤杨树后面飞出来，轻轻扇着翅膀，我们刚才没发现它。

你看，它直接飞到赤杨树上方，原来是只绿头鸭。我激动起来，没瞄准就朝它开了一枪，子弹穿过树叶飞了过去。绿头鸭径直掉进了水里。这一切都发生得太快了，我甚至感觉自己没有开枪，就用意念打死了它。就在我思考的一瞬间，它就掉下来了。

吉姆跳进水里朝它游去，把它叼上了岸。吉姆紧紧叼着鸭子，鸭子的脖子耷拉到地上。吉姆没来得及甩掉身上的水，就赶紧把绿头鸭递到我手里。

"谢谢啦，老兄，谢谢你，我亲爱的伙伴！"我弯下身来，用手抚了抚猎狗。

而它却在这时甩起了水，一团水滴直接朝我的脸飞过来。

"唉，你这粗鲁的家伙！继续前进!"

它立即跑走了。

我用两根手指捏住了鸭子的嘴，直接把它拎起来。哎呀，它整个身体的重量都压在嘴巴上，嘴巴却没被折断。这意味着，这只死去的绿头鸭不是今年刚长大的雏鸭。

我的猎犬又吠叫着向前跑去，我赶紧把鸭子绑到子弹袋上，朝它们追过去。我一边跑，一边给猎枪上膛。

狭窄的河谷在这里变得越来越宽，沼泽地一直延伸到山坡，那里到处都是小草丘和苔草。

吉姆和波伊在草地上四处奔跑着，难道它们又发现什么了？

好似整个世界都汇聚在这个沼泽地里一样，但作为一个猎人，我心里只有一个愿望，想尽快看看猎狗在草丛里嗅到了什么，什么野禽会从里面飞出来，千万不要让它们脚底抹油逃跑了。

我的两只短腿猎狗隐没在高高的苔草里，它们的耳朵就像翅膀一样，一会儿在这儿闪一下，一会儿在那儿闪一下——它们这是在做"跳跃式搜索"。它们不断地跳起来，是为了看到附近的野禽。

忽然，"噗"的一声，就像靴子从沼泽地里拔出来一样，有只长嘴沙锥鸟从草丘里飞出来。它飞得不高，不过速度很快，而且是呈弯曲形的路线。

我瞄准后，朝它开了一枪，不过它却飞走了。

它盘旋了半圈，伸了伸自己长长的双腿，落在一个离我很近的草丘上。它站在那里，把自己像剑一样又长又直的嘴插进土里。

它的位置那样近，而且又是坐在那里，这样打它，我有点良心不安。

不过吉姆和波伊已经跑过去了。它再次被吓得张开翅膀飞起来，我又开了一枪，不过再次打空了！

唉，真伤脑筋！我可是打了三十年的猎，打死过几百只沙锥鸟，到现在一看到野禽飞过来，就会紧张不安。我又太过着急了。

那又有什么办法呢？现在还得去找几只黑琴鸡，否则的话，塞索伊·塞索伊奇看到我打的猎物，一定会轻蔑地嘲笑我。对城市里的猎人来说，沙锥鸟这种红色野禽是最美味的一道菜，而农村的猎人甚至都不承认这是猎物，因为它的个头太小了。

从山的那边传来塞索伊·塞索伊奇第三次打枪的声音。也许，他已经打了大约五公斤的野味，不会比这少。

我蹚过小河，爬上了一个陡坡。从这里的高处向西看去，那里有一大片被砍伐后的空地，再往远处去是燕麦田。拉达在那里时隐时现，塞索伊·塞索伊奇就跟在它后面。

啊哈！拉达又停下来了。

塞索伊·塞索伊奇向它走去。你看，"砰！砰！"他连发了两枪。

他走过去捡猎物。

我不能再在这里四处张望了。

我的猎狗已经跑进密林里。我有这样一个习惯，如果我的猎狗跑进密林里，我就会沿着砍伐小径走。

砍伐小径十分宽阔，只要有鸟飞过，就能来得及开枪。只是猎狗得把鸟往这儿赶才行。

波伊高声吠叫着，吉姆跟在它后面。两只猎狗快速向前跑着。

我已经跑到了猎狗前面。它们在那里忙活什么呢？黑琴鸡大概会钻进灌木间杂草丛生的地方，引得猎狗在后面追捕——我了解这种野禽的套路。

"特拉——嗒——嗒——嗒！"果真是这样，一只黑琴鸡飞了起来，它浑身黑漆漆的，就像被烤焦了一样。它直接朝采伐小径飞过来。

我紧随它，在后面朝它连开两枪。

它转了个圈，在高大的树木后面消失了踪影。

难道我又白开一枪？不可能，我这次可没着急，瞄准了才开的枪。

我吹了一声口哨，把猎狗都召唤回来，一起走进那片黑琴鸡消失的森林。我也找了，猎狗也找了，可就是没找到那只琴鸡。

唉，真够可惜的！真是个糟糕的日子！可是能指责谁呢？猎枪很好用，子弹也是我自己装的。

我想去小湖上试试，也许在那里比较走运呢。

我重新回到采伐小径上，小湖离这里不远，只有五百米的距离。

而猎狗不知跑去哪里了，怎么叫也叫不回来。现在心情彻底毁了。

让它们走吧，我一个人去！

忽然，波伊不知从哪儿窜了出来。

"你去哪儿了？你怎么想的，难道你是猎人，我只是你的帮手，只是帮你放枪吗？既然这样，你拿上猎枪，自己开枪去吧！什么？你不会开枪？哎，你干吗躺在地上，四脚朝天啊？想向我道歉？休想！得好好听话。"一般说来，塞特种猎犬是种比较蠢笨的狗，会伺伏的猎禽犬则是另外一回事。

如果我带的是拉达的话就简单了，我也不会放空一枪。遇上拉达，野禽会一动不动，就像被钉在那里一样，你想想这打起来有多简单吧！

在我前方，树干后面的湖泊泛着银光。我这颗猎人的心又重新充满了希望。

岸边长着芦苇。波伊已经扑通一声跳进湖里，向前游去，把高高的芦苇撞得左右摇摆。

它在里面乱吠一通，一只鸭子立即从芦苇丛里飞起来，还嘎嘎叫着。

在它飞到湖中央时，我朝它开了一枪。野鸭的长脖子立即耷拉下来，扑通一声掉进水里。它肚皮朝天浮在水面上，两只红色的脚蹼在空中惶惶不安地划动着。

波伊朝它游过去。这只小猎犬张开嘴巴，想抓住鸭子，不过鸭子的头却忽然消失在水下了。

这下，波伊迷茫了：鸭子消失到哪里去了？它在原地转了一圈又一圈，可鸭子却没出现。

忽然，猎狗的头也消失在水下了。发生什么事了？难道被什么东西钩住了？难道沉到水底去了？这可怎么办？

鸭子又出现在水面上，慢慢向岸边游去。它游泳的姿势十分奇怪——侧着身子，而头却还在水下面！

原来，波伊正衔着它呢！它的头藏在鸭子身后，所以才看不见。太棒了，它竟然潜到水下，把鸭子给弄上来了。

"干得不错。"背后传来塞索伊·塞索伊奇的声音。他竟然悄悄从我身后走过来了。

波伊游到一个草丘附近，爬上去，把鸭子放下后，开始抖身上的水。

"波伊，你可真不知道脸红！赶紧把鸭子衔过来，递给我。"
你看这个不听话的家伙，竟然完全不理睬我的叫喊声！

吉姆不知从哪儿窜出来，游到草丘，生气地对自己的儿子吠叫几声，衔起鸭子，游过来递给了我。

它抖掉身上的水，又跑进灌木丛。你看，它竟然又给了我一个惊喜，从里面叼了一只死黑琴鸡出来。

原来，这只狗消失了那么长时间，竟然是去森林里面找琴鸡去了，它大概一直在追踪被我打死的那只黑琴鸡。它拖着这只琴鸡在我后面走了整整五百米。

即使在塞索伊·塞索伊奇面前，我也为它感到自豪。

这只猎犬虽然老了，却十分忠心！它跟着我已经十一年了，一直都十分忠诚和勤恳。狗的生命很短，这可能是它最后一个夏天跟我出来打猎了。我还能再找到这样的朋友吗？

坐在篝火旁边时，我的脑海里一直浮现着这些念头。塞索伊·塞索伊奇十分麻利地把自己的猎物挂在白桦树枝上——是两只年幼的黑琴鸡和两只沉甸甸的小松鸡。

三只猎狗围坐在我身旁，三双眼睛贪婪地盯着我的一举一动，看我有没有给它们留点儿食物。

当然得犒劳它们了，三只猎狗都做得很好。它们都是好样的。

已到中午。高高的天空蔚蓝一片。头顶上方的山杨树叶微微颤动，簌簌的声音不时传入耳中。

真是太棒了！

吉特·维里卡诺夫的故事答案

我的十个观察

我前面两个观察是完全正确的。长着黑色翅膀的白色大海鸥会经常从大西洋和北冰洋飞到我们这里的涅瓦河来。这种海鸟叫做大鸥。如果你猜出了它们的名字就能得 2 分。

春天,潜鸭会从列宁格勒上空飞往北方。

很多潜鸭都会潜到水下,在水里划动翅膀,就像人类划动双手一样。

如果你知道这个事情,也能得到 2 分。

至于黑天鹅,请原谅,全是谎话。我们这里很少会见到黑天鹅。它们栖息在澳大利亚,从来不会飞来我们这里。不过我不是凭空杜撰的。实际上,我们这里的猎人经常说他们看到过黑天鹅,只不过从来没有猎杀过。这是因为,不管是什么鸟,如果你对着阳光看它,它看起来都是黑色的。经常会有大天鹅和个头偏小的小天鹅飞到我们列宁格勒郊区休息,不过这两种天鹅都是白色的①。

---

① 大天鹅和小天鹅并不是年岁大一些或者小一些的天鹅,而是两种天鹅。它们同样是长长的脖颈,纯白的羽毛,黑色的脚和蹼。习性也几乎相同,生活在多芦苇的湖泊、水库和池塘中。主要以水生植物的根茎和种子等为食,也兼食少量水生昆虫、蠕虫、螺类和小鱼。从叫声上来讲,小天鹅的叫声似大天鹅但音量较大且更为清脆,有似"叩,叩"的哨声,不像大天鹅喇叭一样的叫声。从形体上看,小天鹅身体稍稍小一些,颈部和嘴比大天鹅略短,与大天鹅更像三角形的头相比,头显得更加圆滑。大天鹅嘴部的黄色更多一些,一直延伸过鼻孔,而小天鹅嘴基部的黄斑不延伸至鼻孔。——译注

经常出现的情形是，一只海鸥朝你飞来，看上去完全是黑色的。你"嘣"一声朝它开一枪，捡起来一看，它完全是只普通的海鸥，全身都是白色的，只有翅膀的末端带点儿黑色。这样，如果你说"只有澳大利亚才有黑天鹅"，你便能得1分。

如果你完全没意识到这是谎言，1分都得不到。如果你能解释出为什么天鹅看起来是黑色的，你便能再得1分。

按照古老的迷信说法，强有力的大鸟在远程和令人疲倦的飞行过程中，会让海上的小鸟在自己背上休息，并把它们带到我们这里来。当然，这不过是神话传说，现实中并没有这样的事情。只有在塞尔玛·格拉洛夫①关于尼尔斯骑鹅的童话或俄罗斯关于伊万努什卡的童话中才有这种骑鹅的事情发生。如果你说不知道有这样载鸟的情形出现，又能得2分。

椴树不是春天而是夏季中旬开花。如果你记起这点的话，你就记下2分。

没有黑色的花，这是谎言。如果你能揭穿这个谎言的话，便能得到2分。

而小羊羔确实在春天用尾巴唱歌！

只不过我说的是天上的"小羊羔"，我们这里的农村将其称为扇尾沙锥，这种鸟的嘴巴很长。春天，它们会飞到高空，再头朝下急速飞行，一边飞，一边振动尾巴和翅膀。听起来很像咩咩声。这是扇尾沙锥与气流玩的歌唱游戏。如果有人猜到我说的是天上的"小羊羔"，会得到2分。

白兔子到夏天会把冬天雪白的装束换下来，换上灰色的装束，

---

① 塞尔玛·拉格洛夫：瑞典作家，1909年获得诺贝尔文学奖，代表作是《尼尔斯骑鹅旅行记》。

使自己不那么显眼。难道也有鸟会像白兔子一样换装？答案是肯定的，我们这里确实有这样的鸟，叫柳雷鸟。这种鸟冬天会换上雪白的羽毛，而夏天则会换上有花斑的羽毛，这样有助于它在栖身的苔藓沼泽地里藏身。如果有人知道这一点，会得到 2 分。

蝙蝠大中午不会飞出来，这是胡扯！谁答对了，得 2 分。

事实上，有这种早春发出来的蘑菇，可以食用，而且十分美味。这种蘑菇叫羊肚菌。如果你知道就可以得 2 分。

垂钓人的故事

雨燕并不住在陡峭的岸边，这是崖沙燕——一种住在岸边的燕子。雨燕和崖沙燕是两种完全不同的燕子。雨燕的巢是筑在高大建筑物的屋顶底下，或者建在钟楼上、教堂上、山顶上、悬崖上，不过从不建在沙质的陡峭岸边。这个问题答对了，得 2 分。

在克雷洛夫爷爷那个年代，某些州，或者就像那时的说法，某些省把螽斯叫做"蜻蜓"，认为吱吱叫的便是蜻蜓。我故事中的垂钓人如果认为蚂蚁是在跟细瘦的蓝蜻蜓谈话，那他没理解克雷洛夫爷爷的寓言故事。要知道，蚂蚁指责蜻蜓"一整个夏天都在唱歌"：

你还在唱歌？

那好，

你现在可以去外面载歌载舞了！

"唱歌"——也就是说吱吱叫的是螽斯。蜻蜓不会这样叫。也就是说，跟蚂蚁交谈的是螽斯，如果猜对了就得 2 分。

鸥鸟趴在树墩上。你认为这是谎话？绝对不是！这件事很有意思，鸥鸟不仅是坐在树墩上，它们的巢也建在树墩上，鸥鸟在那里产下了蛋！不过事情是这样的：湖泊的岸边很低，鸥鸟就在那里产卵。不过今年春天，溢出湖岸的水淹没了树桩，只剩下了一个顶。

而现在到了鸥鸟营巢孵卵的时候。没办法，鸥鸟只能把草衔到树桩上去——这是鱼鸥，它们会用草来筑巢，并坐在树桩上孵小鸟。水很快就退下去了，而鸥鸟藏在哪里了？它们从树桩上滑下来，从下面惊讶地看着："鸥鸟姊妹们，树桩那么高，我们怎么飞上去啊？"答对的话就得2分。

关于维多利亚麝香草莓完全就是个可耻的谎言。草莓中并没有这种浆果。只是我们城市里的人搞混了，不知为什么把所有的草莓都叫做"麝香草莓"。麝香草莓完全是另外一种浆果，我们北方的森林里没有。这种草莓的外形和味道跟普通草莓有所不同，它呈暗淡的白色，带着香气。

我们的草莓中不管是"维多利亚草莓"，还是"菠萝莓"，抑或是"山地美人草莓"等等，都没权利被叫做麝香草莓。如果有人知道这件事，便能得2分。

垂钓人弄混了岸边的三种植物：席草、芦苇和香蒲。席草没有叶子，内部就像海绵一样松软。芦苇坚硬，长有很多节和坚硬的叶子。芦苇内部中空，可以做成很好的哨子。还有香蒲，这种植物也很坚硬，长有叶子，不过叶子尾端带着一个大球果。谁要分得清这三种水生植物，也能得2分。

指望海狸咬鱼饵，简直就是胡说八道，全是编造的。

众所周知，海狸作为啮齿动物，一点都不贪吃蠕虫，就算你抹上蜂蜜也别指望它咬钩！首先，海狸不吃蠕虫；其次，我们列宁格勒州已经五百多年没出现过这种动物了。不过现在却有了——它们被运到我们这里来了。大家需要知道这件事。

至于鱼脱钩后会告诉其他所有鱼，让它们不靠近鱼钩，我甚至想都不想说，真令人厌恶。那些相信童话的人应该感到惭愧！这个问题值2分。

关于灰褐色小鸟的怪事，两句话解释不清。问题在于，我提到的垂钓者钓鱼的湖泊，也是自然界研究员小组——"哥伦布俱乐部"开展工作和试验的地方。他们小心地把一种鸟的蛋放到另外一种鸟的巢里。他们得出答案，不同小鸟对待其他鸟下的蛋的态度不同。尽管巢里的蛋变成了其他颜色，有些小鸟仍然接受了，另外一些直接把这些蛋扔出巢。

这只丑陋的灰褐色雌鸟是沙雀，它浑身呈好看的深灰色，头顶红色，身上还有红色的斑点，这种鸟属于雀科。它叫声悦耳，所有人都像是听到它在问："看到尼基塔了吗?"自然界研究员把这种鸟叫做红金丝雀。

这种小雌鸟是位十分多情、忠诚的母亲。它愿意接受所有颜色的鸟蛋，并奋不顾身地保护所有的小鸟，不管这些小鸟是自己的，还是别人的。

我提到的垂钓者偶然接近的正是红金属雀的巢，也就是哥伦布俱乐部成员开展试验的那个巢。两只小鸟都习惯了人的靠近，完全不害怕人。它们相信，谁也不会动它们。只要你不用手指碰它，它就会坐在蛋上，甚至不会离开巢。这个问题值 2 分。

那些已经孵出小鸟的鸟妈妈则会勇敢地飞出来，试图啄人的手。这个问题 2 分。

如果你不知道我们的"哥伦布俱乐部"，无论如何都不会相信我说的，对吗？

至于布谷鸟，我提到的垂钓者完全是胡编乱造。要知道，扯着嗓子喊"咕——咕! 咕——咕!"的是雄布谷鸟，它这是在告诉雌布谷鸟："我在这! 我在这!"难道你还为了它的叫声流泪? 就算是雌布谷鸟也没什么可怜的。它也是一只厚颜无耻的鸟儿，会跟哥伦布俱乐部的自然界研究员一样，把鸟蛋放到别的鸟巢里，而后开始哈哈大笑。它那放肆高亢的声音很像笑声："嘿——嘿——嘿——嘿——嘿——嘿——嘿！"我提到的垂钓者并不知道雌布谷鸟是怎么叫的。这个问题值 2 分。